3D 打印先进技术及应用

刘少岗　金秋　编著

机 械 工 业 出 版 社

本书整体上按照回顾历史、把握现状、展望未来的思路进行编写，主要内容包括：3D 打印的发展历程、基本原理与技术特点，面向 3D 打印的产品设计和工艺规划，常见的 3D 打印材料和 7 大类 3D 打印工艺，增材制造方面的国内外标准，3D 打印技术的应用，以及 3D 打印技术的发展。本书贯彻了现行的国内外相关标准，内容新颖，系统性强，反映了 3D 打印的发展状况。本书简明易懂，通过阅读本书，读者能够对 3D 打印的全过程与 3D 打印领域的先进技术有全面、深入的认识。

本书可供 3D 打印领域的工程技术人员和科研人员阅读，也可作为机械工程、自动化及计算机应用等专业高年级本科生和研究生学习 3D 打印的参考用书。

图书在版编目（CIP）数据

3D 打印先进技术及应用/刘少岗，金秋编著. —北京：机械工业出版社，2020. 11（2023. 1 重印）

ISBN 978-7-111-66573-1

Ⅰ. ①3…　Ⅱ. ①刘…②金…　Ⅲ. ①立体印刷－印刷术　Ⅳ. ①TS853

中国版本图书馆 CIP 数据核字（2020）第 179849 号

机械工业出版社（北京市百万庄大街 22 号　邮政编码 100037）
策划编辑：陈保华　责任编辑：陈保华　王永新
责任校对：张　征　封面设计：马精明
责任印制：郜　敏
北京富资园科技发展有限公司印刷
2023 年 1 月第 1 版第 3 次印刷
169mm×239mm · 12.5 印张 · 220 千字
标准书号：ISBN 978-7-111-66573-1
定价：69.00 元

电话服务	网络服务
客服电话：010-88361066	机　工　官　网：www. cmpbook. com
010-88379833	机　工　官　博：weibo. com/cmp1952
010-68326294	金　书　网：www. golden-book. com
封底无防伪标均为盗版	机工教育服务网：www. cmpedu. com

前　言

3D 打印是通过逐层堆积形成三维实体的先进制造技术，也称为增材制造。由于 3D 打印技术在个性化制造和复杂零部件制造等方面具有独特的优势，所以 3D 打印技术正在对传统制造工艺流程和生产模式产生日益重要的影响，并受到了各国政府和各行各业的高度重视。经过三十多年的发展，3D 打印的新工艺和新装备不断出现，3D 打印材料种类不断增加，应用领域不断拓宽。为了使读者掌握 3D 打印领域的先进技术和最新发展情况，我们在综合国内外相关研究成果和产业发展现况的基础上编写了本书。

本书整体上按照回顾历史、把握现状、展望未来的思路进行编写，以使读者对 3D 打印技术的历史、现状和未来有比较全面的认识。全书共分为 8 章。第 1 章回顾历史，叙述了 3D 打印的发展历程及其中的一些重要事件。第 2 ~ 7 章把握现状，力图使读者对 3D 打印有比较全面的认识。要充分发挥 3D 打印技术的优势，产品的设计和再设计就显得十分重要，本书在第 2 章讨论了面向 3D 打印的产品设计问题；合理的工艺规划是顺利完成产品加工过程的重要前提，但 3D 打印工艺规划与传统制造工艺区别甚大，第 3 章对此进行了研究；材料是 3D 打印技术发展的重要物质基础，材料的发展决定着 3D 打印的应用领域，第 4 章对 3D 打印材料进行讨论；在 3D 打印技术的发展过程中，产生了几十种打印工艺，这些工艺可以分为 7 大类，第 5 章对 3D 打印工艺进行了讨论；制定面向增材制造的标准是一项十分重要的工作，第 6 章对现有的增材制造标准进行了介绍；第 7 章对 3D 打印在若干领域的应用进行了叙述。第 8 章从展望未来的角度，讨论了 3D 打印技术的一些重要发展方向。为便于读者阅读，本书附录部分列出了书中出现的 3D 打印技术相关术语，包括中文名称、英文名称及缩写。

本书内容的结构框架由天津科技大学刘少岗提出。其中，第 1 ~ 6 章、第 8 章的 8.1 ~ 8.6 节和附录由刘少岗编写，第 7 章、第 8 章的 8.7 ~ 8.9 节由天津科技大学金秋编写，全书由刘少岗统稿。在本书编写过程中，参阅了大量国内外文献以及 3D 打印设备制造商、3D 打印服务平台和咨询网站提供的相关资料，在此向文献的作者和资料的提供者表示衷心的感谢。

根据国家语言文字工作委员会发布的《现代汉语通用字表》和中国社会科学院语言研究所词典编辑室编写的《现代汉语词典》第7版对“粘”字和“黏”字的解释，书中将这方面的术语统一表述为“黏结剂”“黏结”。

3D 打印技术的发展速度很快，新工艺、新材料不断涌现，涉及的内容十分广泛。加之作者水平有限，对 3D 打印技术的理解和把握未必很全面和准确，书中难免存在疏漏和不当之处，恳请读者不吝批评指正。

作　者

目 录

第1章 绪 论

1.1 3D 打印的发展历程

3D 打印的思想起源于 19 世纪。在 20 世纪 80 年代，随着几种具有代表性的 3D 打印工艺的产生，3D 打印得以发展和推广。进入 21 世纪后，随着技术的成熟和社会认可度的提高，3D 打印得到日益广泛的应用。因此，3D 打印被称为“19 世纪的思想，20 世纪的技术，21 世纪的市场”。本书将 3D 打印的发展历程分为 3 个阶段，即 3D 打印的萌芽阶段、快速成形阶段和增材制造阶段。

1.1.1 3D 打印的萌芽阶段

3D 打印的核心思想可以追溯到 19 世纪中期的照相雕塑技术（photosculpture）和地貌成形技术（topography）。从 19 世纪中期到 20 世纪 70 年代，可以认为是 3D 打印技术的萌芽时期。

1. 照相雕塑技术

照相雕塑技术出现于 19 世纪，其目的是创造物体的精确三维复制品。1860 年，法国雕刻家和摄影师 François Willème 发明了多照相机实体雕塑技术，即 Willème 照相雕塑技术。这种技术将 24 台照相机围绕 360°等间距分布同时对实体进行拍摄，根据每台照相机拍下来的照片雕刻出整个实体雕塑的 1/24，利用 24 台照相机拍摄的图片就能够雕刻出整个实体雕塑，如图 1-1 所示。该技术于 1864 年 8 月 9 日获得美国专利号 43822。

图 1-1 Willème 照相雕塑技术

为了减轻 Willème 照相雕塑技术繁重的手工劳动，Carlo Baese 于 1902 年提出了用光敏聚合物制造塑料零件的原理，Monteah 于 1922 年开发了类似的技术并加以改进。

日本的 Morioka 开发了一种融合照相雕塑技术和地貌成形技术的混合技术。该技术使用结构光（黑白光带）以照相方式创建物体的轮廓线，然后将这些线条展开成片材并进行切割和堆叠，如图 1-2 所示。这项技术分别于 1935 年和 1944 年获得美国专利号 2015457 和 2350796。

1951 年，Munz 开发了一种具有现代光固化技术特征的系统。该系统逐层选择性地曝光透明的感光乳剂，每层的形状来自被扫描物体的横截面，然后通过降低气缸中的活塞并添加适量的感光乳剂和固定剂来形成各层。曝光并固定后，生成的实体透明圆柱体包含物体的三维图像，随后可以通过手工雕刻或光化学蚀刻得到该三维物体，如图 1-3 所示。该技术于 1956 年 12 月 25 日获得美国专利号 2775758。

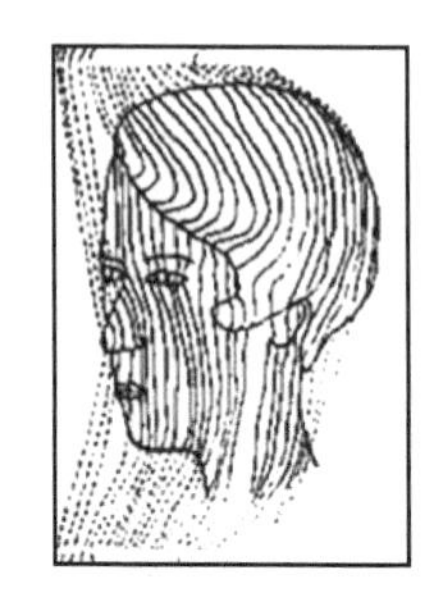

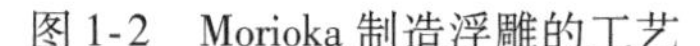

图 1-2　Morioka 制造浮雕的工艺

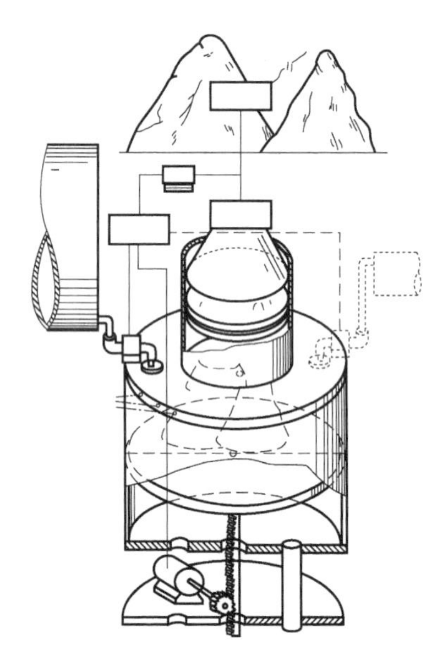

图 1-3　Munz 再现物体三维图像的工艺

2. 地貌成形技术

1890 年，Blanther 提出了一种采用分层方法制作地形图的技术。该技术是在一系列蜡板上依次刻印地形轮廓线，再按照轮廓线切割蜡板，然后将蜡板切片逐层粘贴得到三维地形图，如图 1-4 所示。该技术于 1892 年 5 月 3 日获得美国专利号 473901。

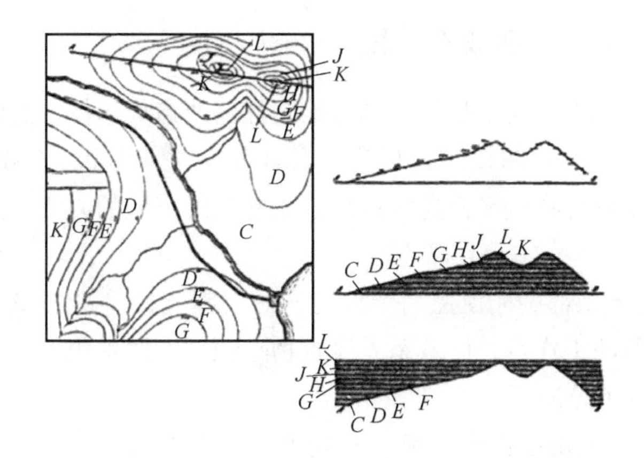

图 1-4 Blanther 发明的分层地形图

1940 年，Perera 提出了在硬纸板上切割轮廓线，再将切割出的纸板黏结成三维地形图的方法。Zang 对这种方法做了进一步的改进，他建议使用透明板，每个板上刻有地形细节。

1972 年，Matsubara 提出一种使用光固化材料处理地形的方法。该方法将光敏树脂涂在耐火的颗粒（如石墨粉或砂）上，然后将其铺成层并加热以形成连续的薄层，再有选择地用光（如从水银蒸汽灯发出的光）扫描薄层，扫描的部分硬化，没有扫描的部分被化学溶剂溶解掉。薄层不断堆积直到最后形成一个立体模型。该方法适用于制作传统工艺难以加工的曲面。

1974 年，DiMatteo 意识到，这些堆积叠加技术可用于生产传统加工技术难以制造的物体。如图 1-5 所示，叠层所用的各层金属板由铣刀加工而成，然后通过黏结、螺栓或锥销等方式将各薄层连接起来。

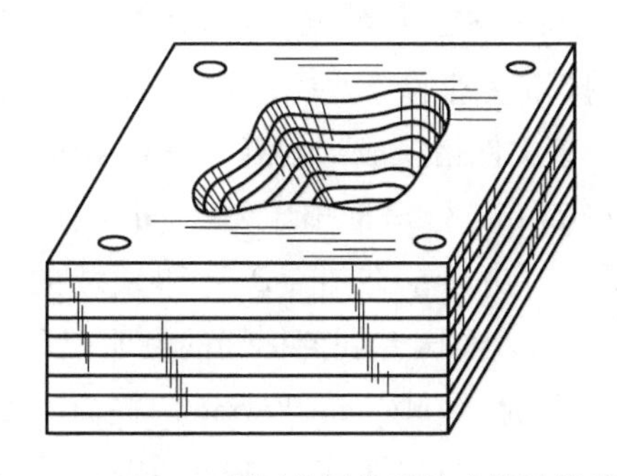

图 1-5 DiMatteo 利用分层堆叠技术设计的模具

1979 年，日本东京大学生产技术研究所的中川威雄（Takeo Nakagawa）教授发明了叠层模型造型扫描振镜法。

1.1.2　3D 打印的快速成形阶段

这一阶段的标志性成果是几种具有代表性的快速成形技术的诞生。

1981 年，日本名古屋市工业研究所的小玉英夫（Hideo Kodama）博士发明了利用光固化聚合物这一快速成形系统制造三维模型的方法，并给出了三种不同的方案：

1）使用置于顶部的掩模控制紫外光光源的曝光，将模型浸入光聚合物液体桶中，向下移动工作台，使液态光聚合物在顶部逐层堆积并曝光后固化以建立新层（见图 1-6a）。

2）使用置于底部的掩模和紫外光光源，向上移动工作台，使液态光聚合物在底部逐层堆积并曝光后固化以建立新层（见图 1-6b）。

3）如图 1-6a 所示将模型浸入光聚合物液体中，但使用通过 x—y 定位控制的光纤进行光聚合物的固化来创建新层（见图 1-6c）。

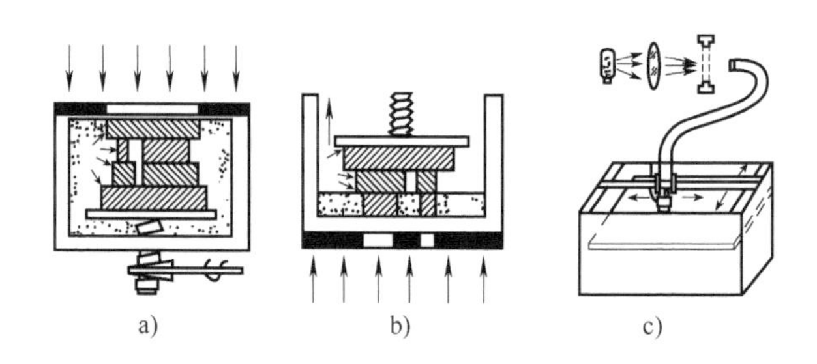

图 1-6　三种光聚合物系统的示意图

1984 年，美国人查尔斯·赫尔（Charles Hull）发明了立体光固化成形（stereo lithography apparatus，SLA）技术。1986 年，查尔斯·赫尔成立了世界上第一家专门生产 3D 打印设备的企业——3D Systems 公司。赫尔研发了现在通用的 STL 文件格式，该文件格式成为 CAD/CAM 系统接口文件格式的工业标准之一。1988 年，3D Systems 公司推出了基于 SLA 技术的工业级 3D 打印机 SLA-250，如图 1-7 所示。由于赫尔在 3D 打印领域的杰出贡献，他被称为“3D 打印技术之父”，并进入美国专利商标局的发明家名人堂。

1984 年，迈克尔·费金（ Michael Feygin）提出了叠层实体制造（laminated object manufacturing，LOM）工艺，并于 1985 年成立了 Helisys 公司。Helisys 公司于 1991 年推出首台叠层实体制造的商业机器 LOM-1015，如图 1-8 所示。Helisys 公司 2000 年倒闭后，其技术由 Cubic Technologies 公司接替。

图1-7 3D打印机SLA-250

图1-8 首台LOM商业机器LOM-1015

1988年，毕业于华盛顿州立大学的斯科特·克伦普（Scott Crump）发明了熔融沉积成形（fused deposition modeling，FDM）技术，并随后成立了Stratasys公司。

1989年，美国得克萨斯大学奥斯汀分校的研究生Carl R. Deckard发明了选区激光烧结（selective laser sintering，SLS）工艺，并成立了DTM公司。SLS使用的材料种类很广泛，理论上讲几乎所有的粉末材料都可以打印，如尼龙、陶瓷、蜡乃至金属等。同年，Hans J. Langer博士在德国创立EOS公司。

1992年，Stratasys公司在成立3年后，推出了第一台基于FDM技术的3D工业级打印机“3D造型者（3D Modeler）”。同年，DTM公司推出Sinterstation 2000系列选区激光烧结（SLS）设备，如图1-9所示。

1993年，美国麻省理工学院的Emanual Sachs等人发明三维印刷技术（three-dimension printing，3DP）。需要指出的是，此处的3DP技术仅是众多3D打印技术中的一种而已。同年，Solidscape公司成立，所生产的热塑料喷墨打印机能打印表面光滑的小型零件，但打印速度相对较慢。

图1-9 Sinterstation 2000系列SLS设备

1995年，Z Corporation公司（2012

年被 3D Systems 收购）获得美国麻省理工学院的许可，开发基于 3DP 技术的打印机。

在 3D 打印技术的诞生阶段，SLA、LOM、SLS、FDM、3DP 等具有代表性的 3D 打印工艺都已产生并商业化。但此时的技术主要用于制造原型件，通常被称为“快速成形技术”或“快速原型技术”，而且设备的体积比较庞大，价格比较昂贵。

在 3D 打印的萌芽阶段和快速成形阶段发生的一些代表性事件如图 1-10 所示。

照相雕塑技术

1860	Willème 照相雕塑技术
1902	Baese 申请专利
1922	Monteah 申请专利
1933	Morioka 申请专利
1940	Morioka 申请专利
1951	Munz 申请专利

地貌成形技术

1890	Blanther 申请专利
1940	Perera 申请专利
1962	Zang 申请专利
1971	Gaskin 申请专利
1972	Matsubara 申请专利
1974	DiMatteo 申请专利
1979	Nakagawa 叠层制造

1968	Swainson申请专利
1972	Ciraud申请专利
1979	Housholder申请专利
1981	Kodama申请专利
1982	Herbert申请专利
1984	Maruntani申请专利，Masters申请专利，Andre申请专利，Hull申请专利
1985	Helysis成立，Denken开业
1986	Pomerantz申请专利，Feygin申请专利，Deckard申请专利，3D Systems成立，Light Sculpting开业
1987	Fudim申请专利，Arcella申请专利，Cubital成立，Dupont Somos开业
1988	3D Systems 商业生产，CMET成立，Stratasys成立
1989	Crump申请专利，Helsinki申请专利，Marcus申请专利，Sachs申请专利，EOS成立，DTM成立
1990	Levant申请专利，Quadrax成立，DMEC成立
1991	Teijin Seiki开业，Foeckele & Schwartze成立，Soligen成立，Meiko成立，Mitsui开业
1992	Penn申请专利，Quadrax归入3D Systems，Kira开业，Laser 3D成立，DTM商业生产
1994	Sanders Prototyping开业
1995	Aaroflex开业

图 1-10　3D 打印的早期年表

1.1.3 3D打印的增材制造阶段

随着3D打印技术的进步和社会需求的推动，人们已经不满足于用快速原型技术制造原型件，而是致力于用这项技术制造功能件，3D打印技术因此逐渐进入了增材制造阶段。在这一新的阶段发生的一些代表性事件包括：

1995年，德国EOS公司发布了直接金属激光烧结（direct metal laser sintering，DMLS）技术及打印机EOSINT M 250。

1995年，德国Fraunhofer激光技术研究所研发了选区激光熔化（selective laser melting，SLM）技术并获得了相关专利。

1996年，3D Systems、Stratasys、Z Corporation公司分别推出了Actua 2100、Genisys、Z402产品，开始使用“3D打印机”的称呼。

1997年，瑞典Arcam公司成立。

1998年，以色列Objet Geometries公司成立。

2000年，以色列Objet Geometries公司发明PolyJet技术。

2001年，3D Systems公司收购DTM公司。

2003年，英国MCP集团的德国MCP-HEK分公司推出世界第一台SLM设备。

2005年，Z Corporation公司推出世界首台高精度彩色3D打印机Spectrum Z510。

2007年，3D打印服务创业公司Shapeways正式成立。

2008年，第一款开源的桌面级3D打印机RepRap发布，代号达尔文（Darwin），RepRap源于英国巴恩大学高级讲师Adrian Bowyer于2005年发起的开源3D打印机项目；以色列Objet Geometries公司基于PolyJet技术推出多材料3D打印机Connex500，它是首台能够同时打印几种不同原材料的3D打印机。

2009年，ASTM F42增材制造技术委员会成立；Bre Pettis带领团队创立了桌面级3D打印机公司MakerBot，MakerBot推出基于RepRap开源系统的产品。

2010年，美国Organovo公司研制出了全球首台3D生物打印机；第一款带有3D打印车身的原型车Urbee问世。

2011年，英国南安普敦大学的工程师们制造了全球首架3D打印的飞机，命名为SULSA；英国研究人员开发出世界上首台3D巧克力打印机。

2012年，Stratasys公司和以色列Objet Geometries公司合并，合并后的公司名称仍为Stratasys；Formlabs公司成立，并发布了世界上第一台廉价的高精度 SLA 消费级桌面 3D 打印机 Form 1；美国国家增材制造创新研究所成立（National Additive Manufacturing Innovation Institute，NAMII），后改名为美国制造（America Makes）。

2013 年，3D Systems 收购法国 3D 打印企业 Phenix Systems 公司；Stratasys 收购 MakerBot 公司及其 Thingiverse 数字设计存储库；美国发布全世界第一款完全通过 3D 打印制造出的塑料手枪 Liberator（除了撞针采用金属），并成功试射；美国 Solid Concepts 公司采用金属激光烧结工艺制造了全球首款 3D 打印全金属枪；耐克公司推出第一款 3D 打印足球鞋；美国国家航空航天局（NASA）测试 3D 打印的火箭部件，可承受 20klbf（889kN）推力，并可耐 6000℃ 的高温；麦肯锡公司将 3D 打印列为 12 项颠覆性技术之一，并预测到 2025 年，3D 打印对全球经济的价值贡献将为 2000 亿～6000 亿美元。

2014 年，美国 Flexible Robotic Environments（FRE）公司开发全功能制造设备 VDK6000，兼具金属 3D 打印（增材制造）、减材制造及 3D 扫描功能；创客 Yvode Haas 推出了基于 3DP 工艺的桌面级 3D 打印机 Plan B，技术细节完全开源。

2015 年，HP（惠普公司）发布多射流熔融（multi jet fusion，MJF）3D 打印技术；美国 Carbon 公司发布连续液态界面制造（continuous liquid interface production，CLIP）技术，该技术的突出特点是打印速度快；3D Systems 收购中国无锡易维模型设计制造有限公司并成立 3D Systems 中国。

2016 年，GE（通用电气公司）收购 Concept Laser 公司和 Arcam 公司；以色列 XJet 公司发布基于纳米颗粒喷射成形（nanoparticle jetting，NPJ）技术的 3D 打印机；Carbon 公司推出首款基于连续液体界面制造（CLIP）技术的 3D 打印机；哈佛大学研发出 3D 打印肾小管。

2017 年，韩国 Carima 公司推出高速 3D 打印技术 C-CAT；西门子公司采用选区激光熔化技术制造世界上首台用于工业燃气轮机的 3D 打印燃烧室，将燃烧器头部的 13 个零件合并为一个；美国的 3D 打印企业 Desktop Metal 推出两款金属 3D 打印设备：DM Studio System 和 DM Production System。

2018 年，HP 公司推出基于黏结剂喷射工艺的金属打印技术 HP Metal Jet；GE 公司的 3D 打印航空发动机支架获美国联邦航空管理局（FAA）认证；EOS 公司推出 LaserProFusion 技术，采用多达 100 万个二极管激光器组成的阵列替代传统使用的单个 CO_2 激光器，最高可实现 5kW 的功率；美国将 3D 打印列为限制性出口技术；澳大利亚 Titomic 公司推出目前世界上最大的金属 3D 打印机，打印尺寸可达 9m×3m×1.5m；德国飞机零配件制造商 Premium AERO-

TEC、汽车制造商 Daimler 和 EOS 公司开展 NextGenAM 合作项目，联合开发新一代自动化“增材制造”工艺的试验性生产线，项目筹备的首个 3D 打印量产航材试验工厂在德国北部城市瓦雷尔投入运营；BMW i8 Roadster 车窗导轨成为宝马集团的第 100 万个 3D 打印汽车零件；西门子公司 3D 打印燃气轮机燃烧室成功运行 8000h；GE 公司生产的 3D 打印燃油喷嘴超过 30000 个。

2019 年 1 月 31 日，《Science》杂志发表了美国劳伦斯利弗莫尔国家实验室（LLNL）与加州大学伯克利分校合作开发的一种的新型快速 3D 打印技术。该技术利用计算轴向光刻（computed axial lithography，CAL）方法，将光刻与悬浮打印相结合，采用多激光在轴向旋转过程中实现不同角度同时曝光，使材料能够从模型的内部逐渐向外部固化，在树脂容器中快速打印出整个三维物体。

2019 年 4 月 15 日，以色列特拉维夫大学的研究人员以病人自身的组织为原材料，采用悬浮胶生物 3D 打印技术制造出全球首颗拥有细胞、血管、心室和心房的“完整”心脏。该研究成果发表在学术期刊《Advanced Science》上。所展示的 3D 心脏约 2cm 长，打印耗时约 3h，如图 1-11 所示。

2019 年 5 月 3 日，《Science》杂志以封面形式刊登了由美国莱斯大学与华盛顿大学合作完成的一项研究成果，如图 1-12 所示。该研究采用生物 3D 打印技术，可以在几分钟内打印出具有复杂内部结构的水凝胶气囊，它能够像肺部一样，向周围的血管输送氧气，完成“呼吸”过程。利用这项生物组织打印技术，研究人员可以创造出模仿人体血液、淋巴液和其他重要液体复杂天然脉管系统的水凝胶器官替代物。

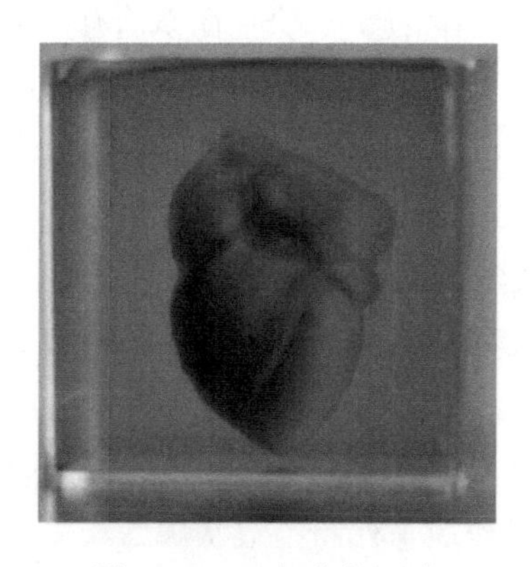

图 1-11　3D 打印的心脏

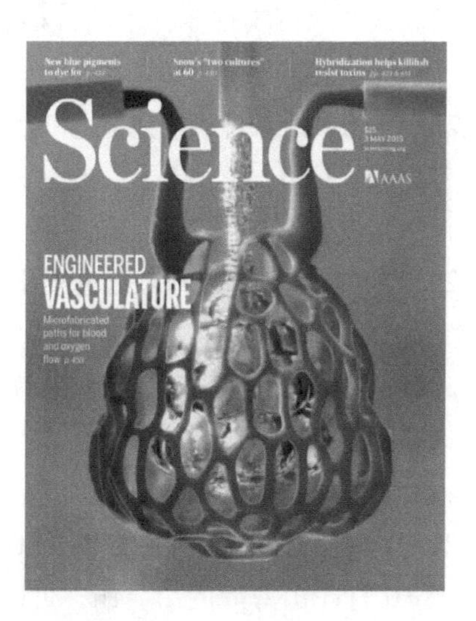

图 1-12　会“呼吸”的气囊

2019 年 8 月 2 日，美国卡内基梅隆大学的学者在《Science》杂志发表了一种利用悬浮水凝胶自由可逆嵌入（freeform reversible embedding of suspended hydrogels，FRESH）技术，来对胶原蛋白进行 3D 生物打印的方法。这种方法能够在不同的尺度上直接获得能够精确控制组成和微观结构的心脏部件，如毛细血管、可收缩心室、新生儿心脏大小的人类心脏模型等。

2019 年 10 月 4 日，美国劳伦斯利弗莫尔国家实验室（LLNL）和香港中文大学的学者在《Science》杂志发表的论文中，提出了一种新的纳米级 3D 打印技术——飞秒投影双光子光刻（femtosecond projection two-photon lithography，FP-TPL），大大提高了打印速度（$10\sim100mm^3/h$）和分辨率（横向和轴向分辨率约为 140nm 和 175nm），降低了成本（1.5 美元/mm^3）。与已有的双光子光刻技术相比，新技术的打印速度快 1000 倍，将促进微纳 3D 打印技术的发展。

2019 年 10 月 18 日，美国西北大学学者在《Science》杂志发表的论文中，提出了大面积快速打印（high-area rapid printing，HARP）技术。该技术通过改进树脂槽（创建隔离层）实现连续性快速打印，使用液态特氟龙（即聚四氟乙烯）循环冷却降低界面的热量，大幅度提高打印速度。该技术可用于生产大尺寸、高速、光固化（DLP）3D 打印机，将在 Azul 3D 公司进行商业化。

2019 年 11 月 13 日，哈佛大学的研究团队在《Nature》杂志中，发表了使用多材料多喷嘴 3D 打印（multimaterial multinozzle 3D printing，MM3D）设计和制造体素化软结构的技术，其中材料的组成、功能和结构都是在体素尺度上实现的。该技术可实现 8 种不同材料的高频切换，为 3D 打印复杂材料和结构开辟了新的途径。

2019 年 12 月 4 日，墨尔本理工大学、俄亥俄州立大学、英联邦科学和工业研究组织（CSIRO）、昆士兰大学、内华达大学的 5 个研究团队合作，对超细晶粒高强度钛铜合金 3D 打印材料进行研究，成果发表在《Natrue》杂志。

2020 年 2 月，Stratasys 公司推出全彩色、办公室友好型 PolyJet 3D 打印机 J55。

2020 年 3 月，诺丁汉大学和伦敦玛丽大学的研究团队研究出一种利用蛋白质进行 3D 打印氧化石墨烯的方法，可以实现“自组装”，成果发表在《Nature Communications》杂志。

2020 年 4 月，澳大利亚的 Spee3D 公司推出了 Activat3D 铜，通过在不锈钢门板上 3D 打印出薄薄的一层铜，可以相对轻松地杀死新型冠状病毒。

2020 年 5 月，我国成功完成首次“太空 3D 打印”，也是全球首次连续纤维增强复合材料的太空3D打印试验。

2020年5月，奥地利格拉茨工业大学的研究人员将LED光源引入SLM工艺并使用LED代替激光，研发出了LED光源金属3D打印机，并申请了如下专利：选区LED基熔化（selective LED-based melting，SLEDM）。

2020年5月，为了克服目前生物墨水在结构稳定性方面的不足，得克萨斯农工大学研究人员开发出纳米离子共价纠缠（nanoengineered ionic-covalent entanglement，NICE）生物墨水，其用途是制造功能性骨组织，成果发表在《ACS Applied Materials & Interfaces》杂志。

2020年5月31日，美国太空探索科技公司SpaceX用猎鹰9号火箭搭载“龙飞船”2号成功将两名宇航员送入太空，其中采用了多个3D打印的零部件。猎鹰9号火箭装有3D打印的主氧化阀部件，龙飞船Super Draco发动机的关键部件采用3D打印制造。

1.1.4　我国3D打印的发展

1. 我国早期的一些发展情况

从20世纪80年代开始，我国以清华大学、西安交通大学、华中科技大学等高校为代表的团队就开始研究3D打印技术，并研制出少量快速成形设备。清华大学颜永年教授建立了清华大学激光快速成形中心。西安交通大学卢秉恒团队开展了光固化快速成形制造系统的研究，自主开发了紫外光快速成形设备。华中科技大学于1991年成立快速制造中心，开始研发基于纸材料的快速成形设备。

1993年，北京殷华激光快速成形与模具技术有限公司、北京隆源自动成形系统有限公司陆续成立。

1994年，华中科技大学研制出薄材叠层快速成形系统样机HRP-I，并于1995年参加北京国际机床展，成为我国首台参加展览的快速成形系统。

1995年，西北工业大学黄卫东团队开始研究将3D打印技术和同步送粉激光熔覆相结合，用于直接制造致密的金属零件。

1997年，西安交通大学卢秉恒团队研制出光固化快速成形机。

1998年，华中科技大学史玉升团队研发了激光烧结设备及其粉末材料。

2000年，西安交通大学的“快速成形制造若干关键技术及设备”获国家科技进步奖二等奖。

2001年，华中科技大学的“薄材叠层快速成形技术及系统”获国家科技进步奖二等奖。

2002 年，清华大学的“多功能快速成形制造系统（M-RPMS）技术”获国家科技进步奖二等奖。

2. 我国近期的一些发展情况

2012 年，中国 3D 打印技术产业联盟成立。

2013 年，北京航空航天大学王华明教授主持的“飞机钛合金大型复杂整体构件激光成形技术”获得国家技术发明奖一等奖。

2014 年，全国增材制造（3D 打印）产业技术创新战略联盟成立。

2015 年，中国机械工程学会增材制造技术（3D 打印）分会成立；工业和信息化部、发展改革委、财政部联合印发《国家增材制造产业发展推进计划（2015—2016 年）》，计划包括以下 5 个方面：①着力突破增材制造专用材料；②加快提升增材制造工艺技术水平；③加速发展增材制造装备及核心器件；④建立和完善产业标准体系；⑤大力推进应用示范。

2016 年，科技部启动实施国家重点研发计划“增材制造与激光制造”重点专项；西安交通大学、北京航空航天大学、西北工业大学、清华大学和华中科技大学 5 所大学与增材制造领域 13 家重点企业，共同组建了西安增材制造国家研究院有限公司；依托西安增材制造国家研究院有限公司，成立了国家增材制造创新中心；全国增材制造标准化技术委员会成立；中国增材制造产业联盟成立。

2017 年，国产大飞机 C919 首飞成功，C919 上装载了 23 个 3D 打印零部件；工业和信息化部等 12 部门印发《增材制造产业发展行动计划（2017—2020 年）》（以下简称《计划》）。《计划》提出到 2020 年，增材制造产业年销售收入超过 200 亿元，技术水平明显提高，行业应用显著深化，生态体系基本完善，全球布局初步实现。《计划》还提出了以下 5 大重点任务：①加强增材制造创新体系建设，强化关键共性技术研发，提高创新能力；②提升增材制造专用材料、装备、核心器件、软件以及服务方面的质量；③推进增材制造在航空、航天、船舶、核工业、汽车、电力装备、轨道交通装备、家电、模具、铸造等重点制造领域以及医疗、文化创意、创新教育等领域的示范应用；④支持骨干企业发展，推进全产业链协同发展，加快产业集聚区建设，培育龙头企业；⑤建立健全增材制造计量体系，健全增材制造标准体系，建立增材制造检测和认证体系，健全人才培养体系，完善支撑体系。

2018 年，载有多个 3D 打印零部件的嫦娥四号中继卫星发射成功，标志着我国 3D 打印技术和产品首次获得在轨应用；我国将 3D 打印列为战略性新兴产业；陶瓷 3D 打印产业联盟成立。

2019年，西安铂力特增材技术股份有限公司成为第一个上市的我国3D打印企业；国家药监局发布《定制式医疗器械监督管理规定（试行）》，自2020年1月1日起正式施行；工业和信息化部发布《高性能难熔难加工合金大型复杂构件增材制造（3D打印）“一条龙”应用计划》，针对高性能难熔难加工合金大型复杂构件的高效增材制造（3D打印）工艺、系列化工程化成套装备、质量和性能控制及工程化应用等关键环节的基础材料、工艺和装备，推动相关重点项目建设和技术突破，形成上下游产业对接的应用示范链条。

2020年3月5日，国家标准化管理委员会、工业和信息化部、科学技术部、教育部、国家药品监督管理局、中国工程院6部门联合印发《增材制造标准领航行动计划（2020—2022年）》。

2020年5月5日，我国长征五号B火箭发射的新一代载人飞船试验船搭载了一台我国自主研发的连续纤维增强复合材料3D打印机，飞行期间自主完成了连续纤维增强复合材料的样件打印。这是我国首次太空3D打印试验，也是国际上第一次在太空中开展连续纤维增强复合材料的3D打印试验。

1.2　3D打印的基本原理

在了解3D打印的发展历程后，现在我们来认识一下3D打印的基本原理。在介绍3D打印的基本原理之前，让我们先回顾一下普通打印机的工作原理。在日常生活中，常用普通打印机将计算机的处理结果打印在相关介质上，所采用的打印材料是墨水和纸张。3D打印与普通打印机的基本原理有相似之处，但二者的打印材料不同。3D打印使用的打印材料是树脂、塑料、金属、陶瓷等实实在在的原材料，通过计算机控制把打印材料层层叠加起来，最终打印出真实的3D物体，故得名3D打印。

随着3D打印技术的不断发展，所使用的打印材料种类不断增加，每层材料的打印方式以及各层之间的黏结方式不断创新，新型的3D打印工艺不断出现。但所有的3D打印工艺都是通过材料的逐层叠加实现物体“从无到有”“从小到大”的过程，也正是由于3D打印的这一特点，人们常将增材制造（additive manufacturing，AM）作为3D打印的专业术语，即3D打印是通过逐渐增加材料的方法实现制造过程。与增材制造不同，传统的机械加工方法以及电火花加工、电解加工、激光切割加工等特种加工方法，在制造过程中材料质量是逐渐减少的，所以属于减材制造。锻压、铸造、粉末冶金等热加工方法在制造过程中材料质量基本不变，所以属于等材制造。在制造领域，增材制造与减材制造、等材制造并列，三者“三分天下”。

1.3　3D 打印的工艺过程

从总体上讲，3D 打印的工艺过程大致可分为前处理过程、打印过程和后处理过程 3 个部分。前处理过程主要是进行 3D 打印零部件的设计和 3D 打印工艺的准备。打印过程是在计算机控制下，根据事先设定的参数由 3D 打印机自动完成零件的打印。3D 打印生成的零部件在使用前通常需要进行后处理，如清洁、去除支撑、打磨、表面处理、喷漆等。具体来讲，3D 打印的全过程可分为以下几个步骤。

步骤 1：建立物体的 CAD 模型。CAD 模型的建立可以采用两种方法：一种是采用正向设计方法，即直接利用 CAD 软件完成零部件的三维模型；另一种方法是利用逆向工程方法创建出已有实物的软件模型。

步骤 2 ：将 CAD 模型转换为 STL 格式。STL 文件格式是 3D 打印普遍采用的文件格式，商用 CAD 软件基本都支持这种文件格式。

步骤 3：3D 打印工艺的规划。在进行 3D 打印之前，需要确定物体的打印方向、分层厚度、打印路径、支撑结构等，这些都是 3D 打印工艺规划需要解决的问题。

以上 3 个步骤组成 3D 打印的前处理过程。

步骤 4：打印过程。打印设备读入前处理生成的数据文件后进行打印。打印过程可由机器自动化进行，此时需要对机器进行监控，避免出现材料耗尽、软硬件故障等问题。

步骤 5：后期处理。3D 打印的零部件往往需要进行恰当的后期处理才能使用。不同的打印工艺所需要的后期处理过程不尽相同，例如，有些工艺的后期处理过程主要是去除支撑和打磨，有些工艺的后期处理还需要进行清理、后期固化等过程。

1.4　3D 打印的优势及其面临的问题

与传统的等材制造和减材制造工艺相比，3D 打印具有自身的优势，也面临着一定的问题。

1.4.1　3D 打印的优势

与传统制造工艺相比，3D 打印技术具有其独特的优势：

优势1：制造复杂零件不增加成本，所以3D打印特别适合制造结构复杂的零件。在传统制造中，物体形状越复杂，制造成本越高。3D打印技术将复杂的三维形状简化为一系列二维形状的叠加，从原理上讲，不会因为零件复杂而增加加工难度。事实上，一些从传统制造角度看形状比较复杂、加工难度较大的形状，从3D打印角度并不会增加制造难度。因此，3D打印技术制造形状相对复杂的物品时成本基本不增加。

优势2：制造成本与产品生产批量几乎无关，所以3D打印非常适合个性化定制。只需要不同的数字设计模型和一批新的原材料，3D打印机就可以打印多种形状，产品多样化不增加成本。因此，产品的个性化定制生产是3D打印的特长。

优势3：3D打印突破了以往设计空间的局限。在以往的产品设计中，制造工艺性是需要重点考虑的因素。3D打印技术的出现突破了传统制造工艺的局限，开辟了巨大的设计空间，产生了免装配结构、一体化结构等新的设计思想。因此，设计师需要突破所熟悉的基于等材制造和减材制造的设计规则，进行面向增材制造的产品设计。

优势4：混合材料无限组合。在传统制造工艺中，将多种原材料精准地融合在同一零件中是一件很困难的事。随着多种材料3D打印技术的发展，3D打印已能够将不同原材料恰当融合在一起。以前无法混合的原料混合后将形成新的材料，这些材料种类繁多，具有独特的属性或功能。

1.4.2 3D打印面临的问题

任何新技术在发展过程中都会面临着各种各样的问题和挑战，并将随着新技术的发展和完善而不断解决。和所有新技术一样，3D打印技术也存在一些问题，面临着各种挑战，具体如下：

问题1：材料的限制。尽管3D打印材料的种类日益增加、材料的价格不断下降，但我们在日常生产生活中所接触到的很多材料目前还难以进行3D打印，还是存在着3D打印材料种类较少、材料价格较高的问题。因此，材料问题是3D打印的一大障碍。

问题2：打印成本较高。与传统制造工艺相比，目前3D打印的成本相对较高。因此，在工业应用领域，3D打印更适合制造附件值较高的产品和零部件，如航空航天、生物医疗、高端汽车等领域的零部件。

问题3：表面质量的问题。与传统切削工艺相比，3D打印出的金属零件表面比较粗糙，打印精度相对较低。对于精度要求比较高的表面，3D打印后还需要进行切削加工、磨削加工等减材制造。

问题4：知识产权的问题。利用3D 打印技术，人们可以随意复制任何东西，并且数量不限。因此，如何制订相关的法律法规来保护知识产权，是需要解决的问题之一。

问题5：安全的挑战。3D 打印武器的出现对我们的社会安全提出了新的挑战。

问题6：道德的挑战。随着3D 打印生物医疗的发展，可能会出现打印出的生物器官和活体组织，这将会使我们在不久的将来遇到极大的道德挑战。

以上问题的存在将会促进3D 打印技术的不断发展和完善，并将随着3D 打印科技的快速发展而不断解决，从而使3D 打印技术得到更多的应用和普及。

参考文献

[1] 3D Printing Museum [EB/OL]. [2020-1-27]. https://www.3dpmuseum.com.

[2] BEAMAN J J. Chaper 3 Historical perspective [EB/OL]. [2020-1-27]. http://www.wtec.org/loyola/rp/03_01.htm.

[3] BOURELL D L, BEAMAN J J, LEU M C, et al. A brief history of additive manufacturing and the 2009 roadmap for additive manufacturing: looking back and looking ahead [C] // Proceedings of the US-Turkey Workshop on Rapid Technologies. Istanbul: Istanbul Technical University, 2009.

[4] KELLY B E, BHATTACHARYA I, HEIDARI H, et al. Volumetric additive manufacturing via tomographic reconstruction [J]. Science, 2019, 363 (6431): 1075-1079.

[5] NOOR N, SHAPIRA A, EDRI R, et al. 3D printing of personalized thick and perfusable cardiac patches and hearts [J]. Advanced Science, 2019, 6 (11): 1900344.

[6] GRIGORYAN B, PAULSEN S J, CORBETT DC, et al. Multivascular networks and functional intravascular topologies within biocompatible hydrogels [J]. Science, 2019, 364 (6439): 458-464.

[7] LEE A, HUDSON A R, SHIWARSKI D J, et al. 3D bioprinting of collagen to rebuild components of the human heart [J]. Science, 2019, 365 (6452): 482-487.

[8] SAHA S K, WANG D, NGUYEN V H, et al. Scalable submicrometer additive manufacturing [J]. Science, 2019, 366 (6461): 105-109.

[9] WALKER D A, HEDRICK J L, MIRKIN C A. Rapid, large-volume, thermally controlled 3D printing using a mobile liquid interface [J]. Science, 2019, 366 (6463): 360-364.

[10] SKYLAR-SCOTT M A, MUELLER J, VISSER C W, et al. Voxelated soft matter via mul-

timaterial multinozzle 3D printing [J]. Nature, 2019, 575 (7782): 330-335.

[11] ZHANG D, QIU D, GIBSON MA, et al. Additive manufacturing of ultrafine-grained high-strength titanium alloys [J]. Nature, 2019, 576 (7785): 91-95.

[12] CHIMENE D, MILLER L, CROSS L M, et al. Nanoengineered osteoinductive bioink for 3D bioprinting bone tissue [J]. ACS Applied Materials & Interfaces, 2020, 12 (14): 15976-15988.

第2章

面向3D打印的产品设计

传统的零部件需要满足相应制造工艺的要求，所以在设计阶段需要进行制造工艺性的分析，如铸件的铸造工艺性，锻件的锻造工艺性，机械零件的加工工艺性，组装、部装和总装过程中的装配工艺性。因此，传统的产品设计受到诸多制造工艺的约束。

作为一种新的制造方式，3D打印技术的出现大大解放了产品的设计。通过逐层叠加形成3D物体，这是3D打印区别于其他制造工艺的独特之处。这一特性使得3D打印特别适合制造复杂的零部件，尤其是一些传统工艺难以制造的复杂零部件。这种复杂性体现在以下几个方面：

（1）形状复杂性　3D打印可以制造出传统工艺难以制造的复杂形状，如制造出复杂的网格结构替代以前的实体结构，实现节能、节材、减重等效果。

（2）层次复杂性　从微观结构到局部宏观结构，能够在多个尺度范围内打印出复杂的形状，制造出层次化的多尺度结构。

（3）功能复杂性　3D打印可以一次制造出完整的功能组件、部件或机构，实现复杂装配体的一体化打印，从而减少了零部件的数量和装配工作量。

（4）材料复杂性　3D打印可以逐点、逐层添加材料，能够精确控制各点、各层的材料成分，从而能够制造具有复杂材料成分和功能梯度的零件。

鉴于3D打印异乎寻常的制造能力，仅仅用这项技术来制造现有的零部件显然无法发挥3D打印的潜力。要充分发挥3D打印的优势，需要对现有的产品和零部件从3D打印的角度进行重新设计，所以产品的设计和再设计就显得十分重要。

业内人士纷纷指出，面向3D打印的产品设计需要深入研究，要突破传统设计思维的限制，从3D打印角度重新设计产品，实现产品的精准设计，获得优质创新结构。各国政府和企业界普遍认识到，3D 打印不是传统制造技术的替代或补充，它最重要的作用是推动产品结构的革命性创新设计。很多学者都认为，基于 3D 打印技术，对产品进行再设计是 3D 打印未来的突破点。

这方面的一个典型实例是 GE 发动机支架结构的设计竞赛，如图 2-1 所示。2013 年，GE 公司在全球范围内举办“喷气式发动机支架设计探索”挑战赛，为喷气式发动机进行最优支架的 3D 打印设计，来自 56 个国家的 700 多名参赛者进行竞争。支架的原有质量是 2033g，而最终获奖设计的质量是 327g，支架质量减少了 84%，实现了制造过程和使用过程的节能、节材、降耗。由此可见，面向 3D 打印的设计有着巨大的潜力！

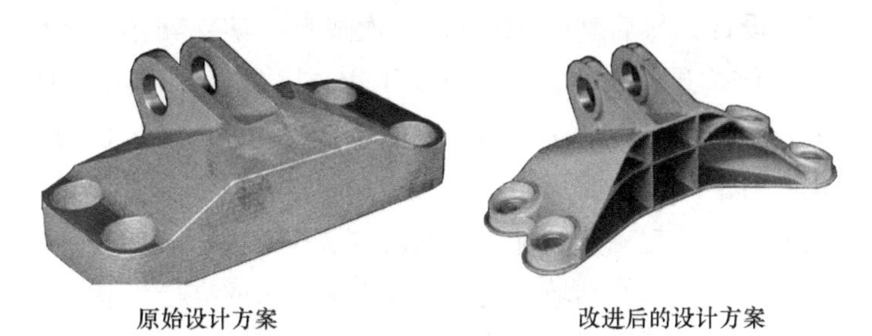

图 2-1　GE 发动机支架结构的设计

2.1　3D 打印对象的确定

与传统的制造工艺相比，3D 打印的优点甚多，但 3D 打印也有自身的不足，如材料种类有限、打印成本较高、工业级 3D 打印设备价格较高等。因此，3D 打印与传统制造工艺各有优缺点，二者是优势互补、共同发展的关系。有的零部件适合用 3D 打印来制造，而有些零部件则更适于传统制造工艺。在深入研究面向 3D 打印的产品设计之前，需要明确 3D 打印的适用对象。通常，如果零部件能够用传统制造工艺经济地制造，则不宜使用 3D 打印工艺。适合采用 3D 打印生产的零部件往往是传统制造工艺在技术上难以制造或难以经济地制造的零部件，这类零部件通常具有复杂的几何形状、复合的材料组分或特殊的特征要求。

对于适合 3D 打印的产品或零部件，需要研究如何充分利用 3D 打印的优势对产品结构进行再设计，而不是简单地按照已有的结构进行 3D 打印。面向 3D 打印的再设计可以分为不同的水平：零件结构的再设计、装配结构的再设计、材料级的再设计，以及生产体系和价值链的再设计。

2.2 面向3D 打印的零件结构再设计

零件是组成产品的基本单元，零件结构再设计是在保证零部件功能和性能的前提下设法减小零件的质量，节省零件材料和能耗，降低零件加工工时和加工成本。为此，可从两个角度进行分析和设计，分别是零件功能表面/零件外形设计与零件内部设计。其中一种再设计方法是功能表面方法，即先产生功能表面，再自底向上生成内部具体结构。

通过中空夹层结构、镂空点阵结构等特殊结构来减小零件的质量，能够实现产品的轻量化设计，然后利用3D 打印一次成形。某支架拓扑优化后质量减少了40%，镂空结构进一步使其质量减少了45%。图2-2 所示的3D 打印中空夹层结构，由外表面板与内部芯子组合而成，在弯曲荷载下，面板材料主要承担拉应力和压应力，芯材主要承担切应力。夹层结构具有质量小、弯曲刚度与强度大、耐疲劳、吸声与隔热等优点，在航空、风力发电机叶片、体育运动器材、船舶制造、列车机车等领域，通过使用3D 打印的夹层结构，能够在保证产品功能和性能的情况下显著减小质量，实现产品的轻量化设计。

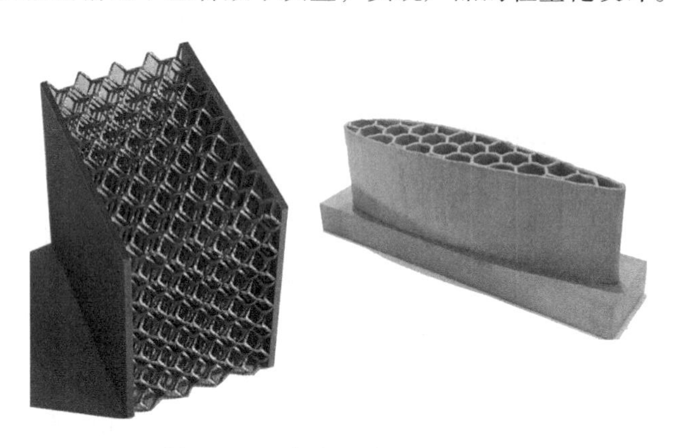

图2-2　3D 打印的中空夹层结构

图2-3 所示的3D 打印镂空点阵结构是实现结构轻量化的主要方式之一。镂空点阵结构的设计具有很高的灵活性，根据使用的环境，可以设计具有不同形状、尺寸、孔隙率的点阵单元。通过点阵结构的合理设计，可以实现强度、韧性、耐久性、静力学与动力学性能以及工件质量和制造成本的总体最优。

拓扑优化与3D 打印技术相结合是结构轻量化的重要手段。拓扑优化对原始零件进行了材料的优化和再分配，往往能实现基于减重要求的功能最优化，如图2-4 所示优化前后的空客 A320 与 A380 支架。拓扑优化后的异形结构常常无法通过传统加工方式加工，而通过3D打印则往往能够实现。

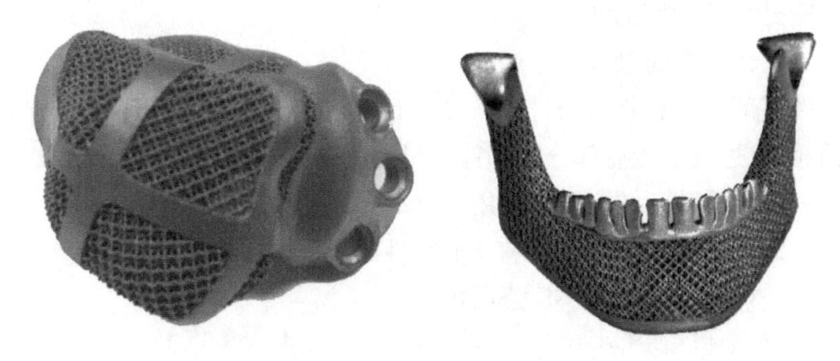

图2-3　3D打印的镂空点阵结构

图2-4　优化前后的空客A320与A380支架

2.3　面向3D打印的装配结构再设计

面向3D打印的装配结构再设计包括以下几个方面的内容：零部件的功能/结构一体化设计（part consolidation）、嵌入结构的设计（embedded object）和免装配结构的设计等。

2.3.1　功能/结构一体化设计

利用3D打印技术，设计者有可能将多个零件组装而成的无相对运动的固定装配体，设计成单一的零部件并打印出来，实现零部件的一体化设计。零部件一体化设计也称为功能一体化设计、结构一体化设计或多结构一体化融合（part consolidation）。零部件的一体化设计省去了连接结构，减小了零部件的质量，减少了零部件数量，简化了零件的库存、调度、运输、装配、维修、认证等环节。一体化的零部件还具有更高的强度和刚度、更好的力学性能、更长的使用寿命。

一般来说，进行一体化设计的零部件需要满足以下条件：

1）应是相邻的零部件。

2）各零部件之间没有相对运动。

3）各零部件具有相同的材质，如果目前各零部件的材质不同，则需要研究是否能够通过改变现有部分零部件的材质实现材质的统一。

4）一体化设计的结构能够采用现有的3D 打印工艺进行加工。

5）一体化设计的结构不影响其他零件的装配和拆卸。

基于一体化设计思想，GE 公司重新设计了 LEAP 发动机的燃料喷嘴，将零件数量从 20 个减少到 1 个，产品质量减小了25%，耐久性增加了 500%，并提高了效率。2018 年 10 月，GE 公司位于亚拉巴马州的奥本工厂顺利生产了第 3 万个 3D 打印的燃油喷嘴头，如图 2-5 所示。GE 公司开发的全新涡轮螺旋桨发动机（ATP）引入3D 打印技术，将零件数量从 855 降低到 12 个，零件数量的减少极大地提高了生产率，减小了发动机的质量，提高了燃油效率和发动机性能，缩短了研发周期。在沃尔沃货车中，用热塑性零部件代替金属零部件，零件数量由原来的 28 个变成 2 个 3D 打印的零件。在阿特拉斯 V 型运载火箭中，用 3D 打印技术制造非承重件，零件数量由原来的 140 个变成 16 个 3D 打印的零件。

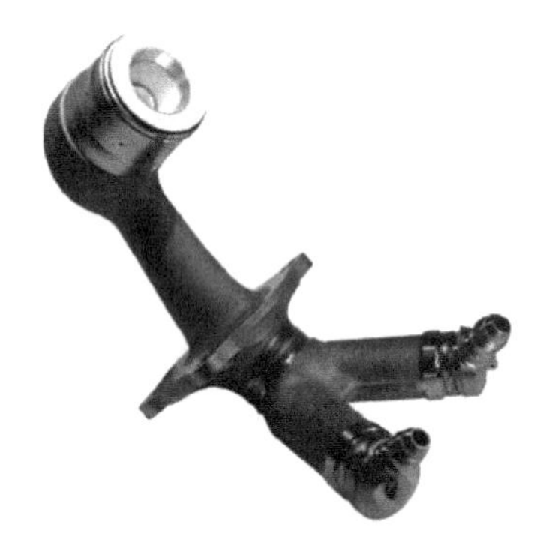

图 2-5　3D 打印的燃油喷嘴头

2.3.2　3D 打印的免装配结构

传统的制造工艺总是先加工出单个的零件，然后再通过组装、部装、总装，依次将零件装配成组件、部件以及完整的产品。3D 打印技术的出现改变了产品的装配方式，利用 3D 打印技术可以一次打印出完整的组件、部件，甚至整个产品，简化，甚至取消了产品的装配环节，故称为免装配结构（non-assembly）或免组装结构。目前，采用 3D 打印技术制造的免装配结构包括曲柄滑块结构、齿轮传动机构、铰链结构等。图 2-6 所示为 3D 打印技术直接打印的万向节免装配机构。免装配结构减少了零部件的数量，节约了产品的装配时间和费用，简化了生产管理、库存管理等环节。3D 打印方法生成免装配结构时，一个重要的问题是如何合理确定装配体内各构件之间的连接方式和装配间隙。当免装配结构在打印完成后，必须除去间隙中任何剩余的填隙材料

（如粉末、树脂等）。3D 打印免装配体受限于零件材质，如果整个装配体中零件材质各异，则会增加打印难度。

图 2-6　3D 打印技术直接打印的万向节免装配机构

3D 打印免装配结构可用于机器人结构的设计和制造，还可用于网状物（如纺织物）的设计和制造，不仅可以打印新型结构的织物，而且能够打印新型材质的织物，如复合纤维、柔性纤维、4D 纤维的织物等。

2.4　面向 3D 打印的材料级再设计

3D 打印的一个重要发展方向是从增量走向增材，即利用 3D 打印进行材料创新，开发新型材料，如新型功能梯度材料、超材料、新型复合材料、高熵合金等，并进而实现材料与结构的一体化设计和制造。3D 打印为新材料的研发开辟了全新的路径，借助 3D 打印技术进行新型材料的研发是一个极具前景的领域。

同时也应该看到，利用 3D 打印技术开发新材料面临如下的挑战：

1）为了满足 3D 打印零部件所需的性能需要进行材料设计。

2）为了控制成形过程中的应力和变形，需要深入理解成形工艺和合成原理。

3）3D 打印微观结构和性能的可重复性。

4）降低 3D 打印零部件的各向异性程度。

5）3D 打印零部件内部缺陷的预防和无损检测。

6）制订 3D 打印材料或零部件相关的标准。

采用计算机模拟精确预测材料的微观组织结构，是一项非常困难但很有必要的工作，未来也许要花很长时间才能解决这个问题。将人工智能与 3D 打印技术相结合，进行新材料的设计和制造等相关技术还需人们不断地去开发。总之，还有一系列的科学、技术和工程问题需要研究和解决。

2.5 面向 3D 打印的设计方法

对 3D 打印产品进行再设计，其实质是在充分了解 3D 打印的特点和深入发掘 3D 打印的潜力基础上，尽量发挥 3D 打印的优势，通过产品的合理设计达到节省材料、减小质量、降低成本、提高性能、延长寿命等目的。因此，涉及多种设计理论与方法，多位学者对此进行了研究。

Yang S 将面向 3D 打印的设计方法分为三类：基于规则的设计方法、传统设计理论与方法的改进及面向 3D 打印的产品设计方法。

基于规则的设计方法可以分为两种：一种是针对特定 3D 打印工艺给出的具体设计规则，另一种是用系统方法确定的通用设计规则。此外，在各国发布的标准中，也给出了面向增材制造的设计指南。

传统设计理论与方法的改进是指对面向制造的设计（DFM）、面向装配的设计（DFA）等传统的 DFX 设计理论与方法进行改进，用于指导 3D 打印产品的设计过程。

面向 3D 打印的产品设计通常也称为面向增材制造的设计（design for additive manufacturing，DFAM）。其方法又可以分两大类，一类是 3D 打印使能的结构优化方法，包括形状优化、结构优化、拓扑优化；另一类则注重 DFAM 设计方法方面。

目前很多研究利用拓扑优化方法来分析和优化 3D 打印零部件，颇有建树。仅仅采用拓扑优化设计往往难以满足产品结构创新的需要，为此还应结合一些新的设计方法，如创成式设计、仿生设计、智能设计、公理化设计等。为了充分发挥 3D 打印在产品设计中的潜力，还需要针对 3D 打印技术研究更加通用的设计方法。

2.6 面向 3D 打印的最小特征约束

目前，设计方法本身对 3D 打印的工艺约束通常考虑不够，往往会造成设计出来的结构不能满足 3D 打印的要求。例如，拓扑优化设计出的一些结构难以进行 3D 打印。面向增材制造的拓扑优化设计需要考虑以下几个方面：

1）限制拓扑优化结果的特征尺寸，避免出现无法打印的细小结构。

2）在优化过程中自动识别特征结构，避免出现大悬臂结构。

3）将 3D 打印工艺存在的缺陷考虑到拓扑优化模型中，减小缺陷对结构性能的影响。

4）3D 打印工艺在后处理阶段，往往需要去除支撑材料或者未熔融的粉末，因此结构本身不能存在带有封闭空腔的结构。这就需要在拓扑优化过程中考虑连通性约束问题。

各种 3D 打印工艺受制于自身的工艺特性，所打印的薄壁特征、孔特征、凸台特征以及免组装结构的间隙特征等都存在最小特征约束。需要说明的是，随着 3D 打印工艺和材料的不断改进，所能实现的最小特征尺寸也是不断变化的。

1. 薄壁特征

各种 3D 打印工艺受到喷嘴直径、光斑尺寸等多种因素的影响，所能打印的薄壁特征存在最小尺寸限制，过小的薄壁厚度难以顺利成形。无论对于无支撑的薄壁特征还是有支撑的薄壁特征（见图 2-7），所能打印的最小壁厚都受到打印工艺、打印设备、打印环境等多种因素的影响。相关文献给出的薄壁特征最小壁厚为 0.3 ~3.0mm。对于壁厚不小于 1.0mm 的薄壁特征，采用常用的几种 3D 打印工艺（如 FDM、SLA、SLS、SLM）通常是能够打印出来的。但对于 CLIP 工艺而言，无支撑薄壁的最小壁厚应不小于 2.5mm，有支撑薄壁的最小壁厚为 1.0 ~1.5mm。3DP 工艺的最小壁厚为 2.0 ~3.0mm。

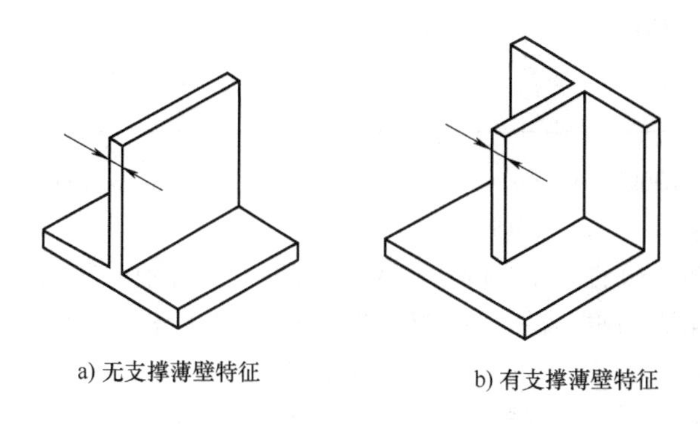

图 2-7 薄壁特征

2. 孔特征

孔特征包括圆孔和方孔，方位分别为水平孔和垂直孔。相关文献给出的许用最小孔径大致在 0.5 ~2.0mm 之间，对于直径不小于 2.0mm 的圆孔，无论采用哪种 3D 打印工艺都能够顺利打印。

3. 圆柱凸台特征

分析相关研究给出的数据可以看出，对于直径不小于 2.0mm 的圆柱凸台，无论采用哪种 3D 打印工艺都是能够顺利打印的。

4. 间隙特征

在免装配结构中，间隙特征的大小决定了结构的运动属性。受各种工艺条件的约束，间隙特征存在最小尺寸限制，相关文献给出的间隙特征最小值大致在 0.2 ~ 1.0mm 之间。

2.7 面向 3D 打印的设计软件

目前，出现了一些面向 3D 打印的设计软件，如知名 3D 打印公司 Materialise 发布的面向 3D 打印的全套软件系统 Materialise Magics 3D Print Suite，包括从创建设计、设计优化、数据准备到打印过程管理和质量监测等多项功能，其中 Materialise 3-matic 是针对 3D 打印设计的专业软件。Altair 公司发布了设计软件 Altair Inspire、Altair OptiStruct，并于 2019 年新推出增材制造设计与仿真软件 Altair Inspire Print3D。Autodesk 公司推出了适合 3D 打印的创成式设计软件 Within，以及面向增材制造设计制造全过程的软件 Netfabb。美国 nTopology 公司推出的生成设计软件 Element 结合了 CAD、CAM 和仿真等技术，能创建出优化的晶格、肋、胞元等复杂结构。此外，多款 CAD/CAM 软件，比如 Solid Edge、PTC Creo、Unigraphics NX、SolidWorks、CATIA 等，都增加了面向 3D 打印设计的相关功能。

参考文献

[1] GIBSON I, ROSEN D, STUCKER B. Additive Manufacturing Technologies [M]. 2nd ed. New York: Springer, 2015.

[2] 王晓燕，朱琳. 3D 打印与工业制造 [M]. 北京：机械工业出版社，2019.

[3] 刘书田，李取浩，陈文炯，等. 拓扑优化与增材制造结合：一种设计与制造一体化方法 [J]. 航空制造技术，2017，529 (10)：26-31.

[4] 黄卫东. 材料 3D 打印技术的研究进展 [J]. 新型工业化，2016 (3)：53-70.

[5] YANG S, SANTORO F, SULTHAN M A, et al. A numerical-based part consolidation candidate detection approach with modularization considerations [J]. Research in Engineering Design, 2019, 30 (1): 63-83.

[6] LINDEMANN C, REIHER T, JAHNKE U, et al. Towards a sustainable and economic selection of part candidates for additive manufacturing [J]. Rapid Prototyping Journal, 2015, 21 (2): 216-227.

[7] KNOFIUS N, VAN DER HEIJDEN M C, ZIJM W H M. Selecting parts for additive manufacturing in service logistics [J]. Journal of Manufacturing Technology Management, 2016, 27 (7): 915-931.

[8] YAO X, MOON S K, BI G. A hybrid machine learning approach for additive manufacturing design feature recommendation [J]. Rapid Prototyping Journal, 2017, 23 (6): 983-997.
[9] THOMPSON M K, MORONI G, VANEKER T, et al. Design for additive manufacturing: Trends, opportunities, considerations, and constraints [J]. CIRP Annals-Manufacturing Technology, 2016, 65 (2): 737-760.
[10] DONG G, TANG Y, ZHAO Y F. A survey of modeling of lattice structures fabricated by additive manufacturing [J]. Journal of Mechanical Design, 2017, 139 (10): 100906.
[11] LIU J. Guidelines for AM part consolidation [J]. Virtual and Physical Prototyping, 2016, 11 (2): 133-141.
[12] SCHMELZLE J, KLINE E V, DICKMAN C J, et al. (Re) Designing for part consolidation: Understanding the challenges of metal additive manufacturing [J]. Journal of Mechanical Design, 2015, 137 (11): 111404.
[13] YANG S, ZHAO Y F. Additive manufacturing-enabled part count reduction: a lifecycle perspective [J]. Journal of Mechanical Design, 2018, 140 (3): 031702.
[14] KIM S, MOON S K. A part consolidation design method for additive manufacturing based on product disassembly complexity [J]. Applied Sciences-Basel, 2020, 10 (3): 1100.
[15] CALI J, CALIAN D A, AMATI C, et al. 3D-printing of non-assembly, articulated models [J]. ACM Transactions on Graphics, 2012, 31 (6): 130.
[16] 王迪，刘睿诚，杨永强. 激光选区熔化成形免组装机构间隙设计及工艺优化 [J]. 中国激光，2014 (2): 226-232.
[17] LIU Y, ZHANG J, YANG Y, et al. Study on the influence of process parameters on the clearance feature in non-assembly mechanism manufactured by selective laser melting [J]. Journal of Manufacturing Processes, 2017, 27: 98-107.
[18] CUELLAR J S, SMIT G, PLETTENBURG D, et al. Additive manufacturing of non-assembly mechanisms [J]. Additive Manufacturing, 2018, 21: 150-158.
[19] CUELLAR J S, SMIT G, ZADPOOR A A, et al. Ten guidelines for the design of non-assembly mechanisms: The case of 3D-printed prosthetic hands [J]. Proceedings of the Institution of Mechanical Engineers, Part H: Journal of Engineering in Medicine, 2018, 232 (9): 962-971.
[20] WEI Y, CHEN Y, YANG Y, et al. Novel design and 3-D printing of nonassembly controllable pneumatic robots [J]. IEEE/ASME Transactions on Mechatronics, 2016, 21 (2): 649-659.
[21] PEI E, SHEN J, WATLING J. Direct 3D printing of polymers onto textiles: experimental studies and applications [J]. Rapid Prototyping Journal, 2015, 21 (5): 556-571.
[22] CHATTERJEE K, GHOSH T K. 3D printing of textiles: Potential roadmap to printing with fibers [J]. Advanced Materials, 2020, 32 (4): 1902086.
[23] GRIMMELSMANN N, KREUZIGER M, KORGER M, et al. Adhesion of 3D printed mate-

rial on textile substrates [J]. Rapid Prototyping Journal, 2018, 24 (1): 166-170.

[24] SANATGAR R H, CAMPAGNE C, NIERSTRASZ V. Investigation of the adhesion properties of direct 3D printing of polymers and nanocomposites on textiles: Effect of FDM printing process parameters [J]. Applied Surface science, 2017, 403: 551-563.

[25] LI N, HUANG S, ZHANG G D, et al. Progress in additive manufacturing on new materials: A review [J]. Journal of Materials Science & Technology, 2019, 35 (2): 242-269.

[26] YANG S, ZHAO Y. Additive manufacturing-enabled design theory and methodology: a critical review [J]. International Journal of Advanced Manufacturing Technology, 2015, 80: 327-342.

[27] 王震，巩维艳，祁俊峰，等. 基于增材制造的设计理论和方法研究现状 [J]. 新技术新工艺，2017 (10): 31-35.

[28] KUMKE M, WATSCHKE H, VIETOR T. A new methodological framework for design for additive manufacturing [J]. Virtual and Physical Prototyping, 2016, 11 (1): 3-19.

[29] WIBERG A, PERSSON J, LVANDER J. Design for additive manufacturing - a review of available design methods and software [J]. Rapid Prototyping Journal, 2019, 25 (6): 1080-1094.

[30] ZAMAN U K U, SIADAT A, RIVETTE M, et al. Integrated product-process design to suggest appropriate manufacturing technology: A review [J]. International Journal of Advanced Manufacturing Technology, 2017, 91 (1-4): 1409-1430.

[31] SALIBA S, KIRKMAN-BROWN J C, THOMAS-SEALE L E J. Temporal design for additive manufacturing [J]. International Journal of Advanced Manufacturing Technology, 2020, 106 (9-10): 1-9.

[32] GRALOW M, WEIGAND F, HERZOG D, et al. Biomimetic design and laser additive manufacturing-A perfect symbiosis? [J]. Journal of Laser Applications, 2020, 32 (2): 021201.

[33] LOCKETT H, DING J, WILLIAMS S, et al. Design for wire + arc additive manufacture: Design rules and build orientation selection [J]. Journal of Engineering Design, 2017, 28 (7-9): 568-598.

[34] ALEXANDRA B P, KRISTINA S. Design heuristics for additive manufacturing validated through a user study [J]. Journal of Mechanical Design, 2019, 141 (4): 041101.

[35] LEUNG Y S, KWOK T H, LI X, et al. Challenges and status on design and computation for emerging additive manufacturing technologies [J]. Journal of Computing and Information science in Engineering, 2019, 19 (2): 021013.

[36] GREER C, NYCZ A, NOAKES M, et al. Introduction to the design rules for metal big area additive manufacturing [J]. Additive Manufacturing, 2019, 27: 159-166.

[37] JEE H, WITHERELL P. A method for modularity in design rules for additive manufacturing

[J]. Rapid Prototyping Journal, 2017, 23 (6): 1107-1118.

[38] PRADEL P, ZHU Z, BIBB R, et al. A framework for mapping design for additive manufacturing knowledge for industrial and product design [J]. Journal of Engineering Design, 2018, 29 (6): 291-326.

[39] BIKAS H, LIANOS A K, Stavropoulos P. A design framework for additive manufacturing [J]. International Journal of Advanced Manufacturing Technology, 2019, 103 (9-12): 3769-3783.

[40] ZEGARD T, PAULINO G H. Bridging topology optimization and additive manufacturing [J]. Structural and Multidisciplinary Optimization, 2016, 53 (1): 175-192.

[41] LANGELAAR M. An additive manufacturing filter for topology optimization of print-ready designs [J]. Structural and Multidisciplinary Optimization, 2017, 55 (3): 871-883.

[42] MENG L, ZHANG W, QUAN D, et al. From topology optimization design to additive manufacturing: Today's success and tomorrow's roadmap [J]. Archives of Computational Methods in Engineering, 2020, 27 (3): 805-830.

[43] PANESAR A, ABDI M, HICKMAN D, et al. Strategies for functionally graded lattice structures derived using topology optimisation for Additive Manufacturing [J]. Additive Manufacturing, 2018, 19: 81-94.

[44] WANG X, XU S, ZHOU S, et al. Topological design and additive manufacturing of porous metals for bone scaffolds and orthopaedic implants: a review [J]. Biomaterials, 2016, 83: 127-141.

[45] SALONITIS K. Design for additive manufacturing based on the axiomatic design method [J]. International Journal of Advanced Manufacturing Technology, 2016, 87 (1-4): 989-996.

[46] PLESSIS A D, BROECKHOVEN C, YADROITSAVA I, et al. Beautiful and functional: A review of biomimetic design in additive manufacturing [J]. Additive Manufacturing, 2019, 27: 408-427.

[47] RENJITH S C, PARK K, KREMER G E O. A design framework for additive manufacturing: Integration of additive manufacturing capabilities in the early design process [J]. International Journal of Precision Engineering and Manufacturing, 2020, 21 (2): 329-345.

[48] 朱继宏，周涵，王创，等. 面向增材制造的拓扑优化技术发展现状与未来 [J]. 航空制造技术，2020，63（10）：24-38.

[49] REDWOOD B, SCHÖFFER F, GARRET B. The 3D Printing Handbook: Technologies, Design and Applications [M]. Dutch: 3D Hubs, 2017.

[50] DIEGEL O, NORDIN A, MOTTE D. A Practical Guide to Design for Additive Manufacturing [M]. Singapore: Springer Nature, 2020.

[51] 全国增材制造标准化技术委员会. 增材制造 设计 要求、指南和建议：GB/T 37698—2019 [S]. 北京：中国标准出版社，2019.

第3章 面向3D打印的工艺规划

工艺是连接设计与制造的桥梁，工艺规划对产品的加工成本、加工时间、加工质量等方面都有着十分重要的影响。无论对于传统的制造工艺，还是对于现代的3D打印工艺，合理的工艺规划都是顺利完成产品加工过程的重要前提。3D打印的工艺规划过程与传统的制造工艺区别很大，主要包括以下几个步骤：

1）面向3D打印的产品结构工艺性分析。

2）数据格式的转换。在3D打印之前，需要将产品的CAD模型转换成适合3D打印的数据格式，其中最常用的是STL格式。转换完数据格式后，还需要进行修复、细化、简化等工作。

3）确定打印方向，产生必要的支撑结构。

4）打印轮廓分层，可采用自适应分层、等厚分层等。

5）规划打印路径，确定打印参数。

3.1 面向3D打印的产品结构工艺性分析

尽管3D打印突破了传统制造工艺的束缚，能够打印出传统工艺难以制造的结构，但3D打印并非完全自由制造，仍然存在独特的制造工艺约束。在工艺规划阶段，首先需要进行面向3D打印的结构工艺性分析。工艺性分析中需要考虑的问题包括：体积较大3D物体的分割、3D打印物体的平衡、悬垂结构的处理、空洞的填充，以及细小结构的简化等。

3.1.1 物体的分割问题

3D打印机受到自身打印空间的限制，难以打印超过其允许尺寸范围的物体。解决这个问题的一种可行方案是将物体进行恰当的分割，使得分割后的各部分都能够用 3D 打印机进行打印，然后再将打印出的各部分装配成整体。对大块物体进行分割有很多种不同的方案，但需要满足以下约束目标：

1）分割后各部分的尺寸都在可打印范围内。

2）各部分可以顺利地组装起来。

3）分割数量应该尽可能少。

4）各部分应有连接接口，便于组装。

5）避免分割出薄弱的细长杆类结构。

6）避免在应力集中区开设接缝。

7）避免过大、过于明显的接缝，使接缝尽可能整齐美观。

对于难以 3D 打印的大块物体，除了采取以上的分割方法外，还可以采用分别加工的方法。例如，将传统工艺与 3D 打印工艺相结合，体积较大、结构较简单的基础部分由传统工艺完成，体积较小、结构较复杂的精细结构由 3D 打印工艺完成。

3.1.2　物体的平衡问题

在确定零件打印方向时，需要考虑的一个问题是物体的平衡问题。打印过程中，物体应该始终保持平衡状态。如果物体不能保持平衡状态，则无法放置在所需的方位，更无法顺利完成打印过程。通过优化模型的重心，能够使其在给定的姿势下满足平衡状态。优化模型的重心可以采用掏空内部，桁架支撑内部，构建密度可控的内部多孔支撑结构等方法，也可在保持外形功能特征的前提下对模型外表面进行适当变形。

3.1.3　悬垂结构的处理

在 3D 打印中常遇到悬垂结构，如图 3-1 所示，这些结构分别具有向下倾斜的部位或悬垂的部位。在熔融沉积成形、光固化成形、数字光处理、激光选区熔化等 3D 打印工艺中，为了顺利打印出悬垂部位，需要添加支撑结构，在打印完成后再将支撑结构去除。支撑结构一方面应具有足够高的强度，以保证其自身及所支撑的结构能顺利打印；另一方面还应通过优化方法，对支撑结构进行减重、减材设计。然而，支撑结构的打印会消耗打印时间和材料，剥离支撑结构的过程费时费力，最终效果与操作者的技术水平有密切关系。采用剥离的方法去除支撑结构，会影响产品外观质量，有时甚至会损坏物体。因此，应尽量采用自支撑结构的设计。总之，最好能够通过优化打印方向来避免使用支撑结构，如果无法避免，则应对支撑结构进行合理的优化设计。

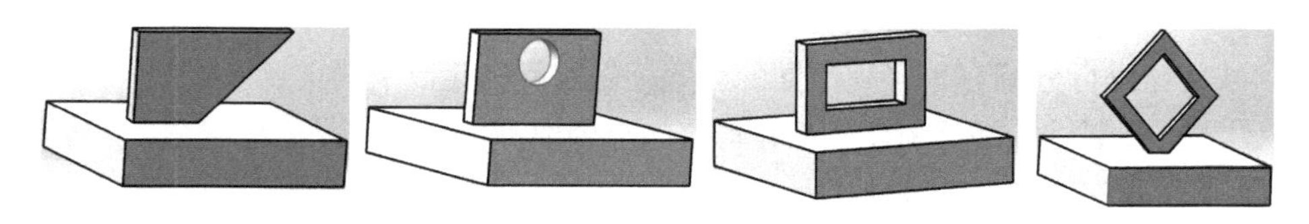

图 3-1　悬垂结构的一些示例

3.2　数据格式的转换

3D 打印机广泛支持的数据文件格式是 STL 文件格式，该格式由 3D Systems 公司的创始人 Charles Hull 于 1988 年发明。如图 3-2 所示，STL 文件采用三角面片来逼近物体的外形曲面。在进行分层处理时，只需要处理平面与三角面片求交的问题，避免了进行复杂曲面与平面的求交计算。因此，STL 文件具有分层算法简单、易于使用等优点，在 3D 打印领域应用广泛。

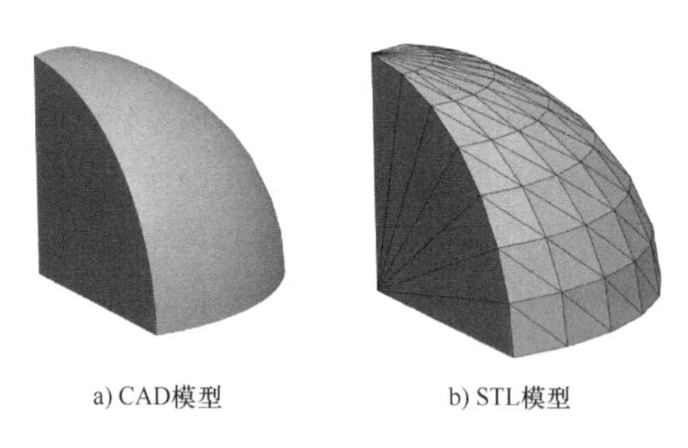

a) CAD模型　　b) STL模型

图 3-2　CAD 模型转换成 STL 文件

STL 格式的输出精度取决于三角面片的数量，三角面片数量越多，模型精度越高。STL 文件有两种格式：一种是 ASCII 码格式，另一种是二进制格式。ASCII 码格式可读性好，二进制格式占用存储空间较少。

1. STL 文件的 ASCII 码格式

STL 文件的 ASCII 码格式逐行给出三角面片的几何信息，每一行以 1 个或 2 个关键字开头。整个 STL 文件的首行给出了文件路径及文件名，然后是三角面片的信息单元 facet，每一个 facet 由 7 行数据组成。

STL 文件的 ASCII 码格式如下：

solid filenamestl //文件路径及文件名

facet normal x y z //三角面片法向量的 3 个分量值

outer loop //说明随后的 3 行数据分别是三角面片的 3 个顶点坐标

```
vertex x y z //三角面片第一个顶点的坐标
vertex x y z //三角面片第二个顶点的坐标
vertex x y z //三角面片第三个顶点的坐标
endloop
endfacet //第一个三角面片定义完毕
…… //其他 facet
……
endsolid filenamestl //整个文件结束
```

2. STL 文件的二进制格式

STL 文件的二进制格式用固定的字节数来给出三角面片的几何信息。文件起始的 80 字节是文件头，用于存储文件名；紧随着是 4 字节的整数，用来描述实体的三角面片个数；后面的内容是依次给出每个三角面片的几何信息。每个三角面片占用固定的 50 字节，它们依次是：3 个 4 字节浮点数，用来描述三角面片的法矢量；3 个 4 字节浮点数，用来描述第一个顶点的坐标；3 个 4 字节浮点数，用来描述第二个顶点的坐标；3 个 4 字节浮点数，用来描述第三个顶点的坐标；每个三角面片的最后 2 字节描述三角面片的属性信息。因此，一个二进制 STL 文件的大小为三角面片数乘以 50 再加上 84 字节。

在实际应用中，STL 模型要经过检验才能使用。检验主要包括两个方面：STL 模型的有效性和 STL 模型的封闭性。有效性包括检验模型是否存在裂隙、孤立边等缺陷，封闭性则要求组成 STL 模型的所有三角形围成内外封闭的几何形状。

STL 文件也存在自身的缺点：由于采用小三角形近似逼近物体的表面，所以存在精度误差，而且 STL 格式只能记录物体的表面形状，缺少颜色、纹理、材质等信息。针对 STL 文件的缺点，人们研究并提出了新的 3D 打印文件格式。

3. 新的 3D 打印文件格式

2011 年，美国材料与试验协会（ASTM）提出了基于可扩展标记语言 XML 的增材制造文件格式 AMF（additive manufacturing file）。与 STL 文件格式相比，AMF 格式引入了曲面三角形、颜色贴图、异质材料、功能梯度材料、微结构、排列方位等概念。因此，AMF 格式包含的工艺信息更全，文件体积更小，使用起来更加方便。目前 AMF 文档标准最新的版本是 V1.2，参见国际标准 ISO/ASTM 52915。AMF 格式虽好，但目前还缺乏能完全支持 AMF 格式的相关设计工具。

2015 年，由 Microsoft、Autodesk、Dassault Systems、Netfabb、SLM、HP、Shapeways 等组成的 3MF 联盟推出全新的 3D 打印格式 3MF（3D manufacturing format）。3MF 同样也是一种基于 XML 的数据格式，具有可扩充性。相较于 STL 格式，3MF 能够更完整地描述 3D 模型，除了几何信息外，还可以保持内部信息、颜色、材料、纹理等其他特征。3MF 格式的优势是有各大公司的支持。

3.3 打印方向的确定

3D 打印方向的确定是很重要的问题，不但影响打印时间、打印成本和打印精度，还影响着支撑结构的施加，以及工件的表面质量。确定打印方向需要考虑以下几个方面：第一是工件表面精度和表面粗糙度，第二是工件的强度，第三是支撑结构的问题，第四是打印时间和打印成本。选择工件尺寸最小的方向作为打印方向，有利于缩短打印时间和提高打印效率，但为了提高打印质量，以及提高某些关键尺寸和形状的精度，有时需要将较大的尺寸方向作为打印方向。为了简化支撑结构或实现自支撑结构以节省材料与方便处理，也经常采用倾斜摆放。

3.4 分层切片算法

3D 打印属于分层叠加制造，分层切片算法非常重要。按照研究对象来分，切片算法包括面向 STL 格式的切片算法和直接面向三维 CAD 模型的切片算法。由于 STL 格式用三角面片逼近 CAD 模型，所以面向 STL 格式的切片算法只涉及平面与一次曲面求交，比较简单。但是 STL 格式存在误差，因此精度要求较高的情况可直接对 CAD 模型进行分层。

分层切片算法的一个重要问题是如何确定合适的分层厚度。例如，对图 3-3a 所示的 CAD 模型进行分层，最初采用的分层方法是等厚分层（见图 3-3b），即每层厚度一样。等厚分层时，若采用较小的分层厚度有利于提高模型精度，但会增加打印时间；若采用较大的分层厚度，能缩短打印时间，但不利于提高精度和表面质量。等厚分层方法的主要特点是简单易用，但会带来阶梯效应和包容问题。

为了解决等厚分层带来的问题，人们提出了自适应分层（见图 3-3c），即根据零件的具体结构，打印过程中的每一层可以采用不同的打印厚度，从而兼顾打印精度和打印效率。自适应分层的关键问题是如何确定各层的厚度，不同研究中提出了相应的方法：

（1）基于弦高的自适应分层　通过控制弦高来控制层高，实现自适应分层。

（2）基于相邻分层轮廓面积偏差的自适应分层　通过比较两个相邻分层的轮廓面积得到一个偏差比系数，从而动态改变分层厚度。

（3）基于相邻分层体积偏差的自适应分层　通过控制体积偏差，实现自适应分层。

（4）基于轮廓曲率变化的自适应分层　通过分析模型各层轮廓曲率的变化，实现自适应分层。

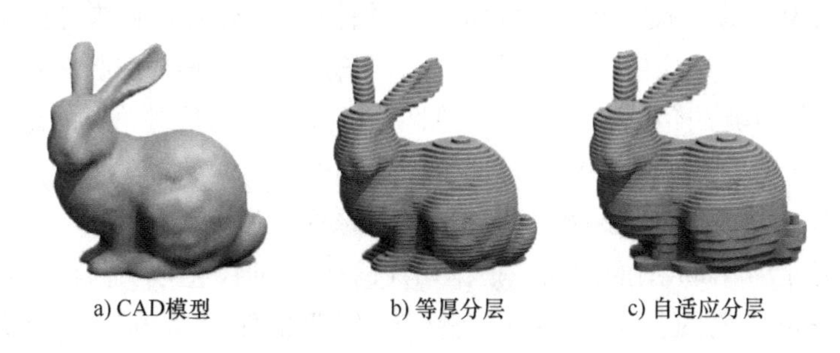

图 3-3　不同的分层方法

3.5　打印路径规划

完成分层处理之后，需要进行打印路径的规划。打印路径规划是完成 3D 打印的基本工作，合理的路径规划可以大大提高打印效率和打印精度。3D 打印路径规划的主要方法有如下几种：

（1）往复直线扫描　也称为平行扫描或 Z 字形扫描，即各段扫描路径互相平行，如图 3-4 所示。这是最基本的扫描方式，简单、可靠，但在打印包含内腔的复杂零件时，这种扫描方式需要解决如何避免打印内腔的问题。如图 3-4a 所示，当扫描线经过型腔时，可以采取快速跨过的方式。其缺点是需要频繁跨越内腔部分，一方面空行程太多会出现“拉丝”现象；另一方面扫描系统频繁地在填充速度和快进速度之间变换，会产生严重的振动和噪声，降低加工效率。另一种方式如图 3-4b 所示，采用分区扫描，即在各个区域内部采用往复直线扫描方式，扫描至边界则折返后再反向填充同一区域，并不跨越型腔部分。这种扫描方式增加了折返点数量，折返前需要减速，折返后需要加速，折返点数量越多扫描效率越低。因此，分区往复扫描时，需要通过合理的分区规划来减少折返点的数量。

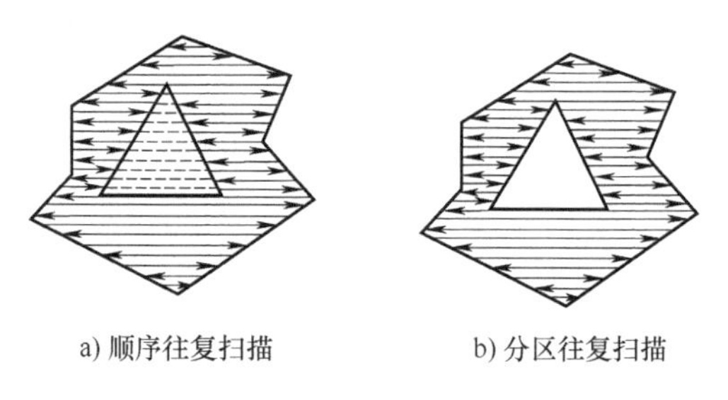

a) 顺序往复扫描　　b) 分区往复扫描

图 3-4　往复直线扫描

（2）轮廓偏置扫描　也称为轮廓平行扫描，将轮廓向实体方向偏移生成扫描矢量，然后一层层由内向外或由外向内扫描成形。扫描路径是一系列的等距线。轮廓偏置算法包括三部分：一是区分内外环；二是对轮廓的走向进行判断；三是进行轮廓线偏置，即内环向外偏置，外环向内偏置。

（3）分形扫描　扫描路径由一系列的分形线段组成。

（4）基于 voronoi 图的扫描　根据切片的 voronoi 图生成偏置线，将偏置线相连得到一条完整的扫描路径，不断改变偏置量即可生成整个扫描区域的路径。

（5）星形发散扫描　将切片从中心分为两部分，先后从中心向外填充两部分。

在实际打印过程中，有时需要综合运用以上各种方式，才能制订出更加合理的打印路径，如在不同的打印区域采用不同的扫描方式。

3.6　打印参数优化

打印路径确定好后，还需要确定每条路径的具体参数，包括打印宽度、打印速度、打印间隔等，这需要结合具体的 3D 打印工艺进行确定。人们对熔融沉积成形、黏结剂喷射、粉末床熔融等多种 3D 打印工艺的打印参数进行了研究。

3.7　面向 3D 打印的工艺规划与仿真软件

为了更好地进行面向 3D 打印的产品工艺规划，并顺利打印出所需的产品且保证质量，目前市场上出现了一些面向 3D 打印的工艺规划软件。Materialise

公司发布了面向3D打印的全套软件系统 Materialise Magics 3D Print Suite。其中，Materialise Magics 是一款工艺规划软件，用于打印过程的数据准备，具有STL文件格式转换，文件修复，编辑（进行切割，孔洞、镂空、蜂巢结构设计，壁厚分析，布尔运算，拉伸平移等）和打印准备（平台摆放、位置优化、自动摆放）等功能。Materialise Magics 软件的多个模块具有生成自动支撑、优化打印方向，以及3D打印制造过程的工艺仿真等多项功能。Materialise Build Processer 软件可以进行切片与路径规划，并可与各种3D打印设备进行数据传输。

仿真是打印前保证打印过程质量的一种重要方法，在工艺规划的最后阶段，对打印过程进行仿真就显得十分必要。目前市场上也出现了不少专门针对增材制造工艺的仿真软件。ANSYS 公司发布了金属增材制造（包括粉末床熔融和定向能量沉积）工艺规划的仿真解决方案 ANSYS Additive Suite，具体包括如下功能：面向产品设计人员的增材制造工艺仿真软件 ANSYS Workbench Additive，面向增材制造工艺工程师的 ANSYS Additive Print，面向增材制造专家、科研人员或者设备研发者的 ANSYS Additive Science。Autodesk 公司的软件 Netfabb 能够对金属粉末床熔融过程和定向能量沉积制造过程进行仿真，并为后续的 CNC 加工提供服务。Altair 公司于2019年发布了增材制造设计与仿真软件 Altair Inspire Print3D，该软件可设计和仿真选区激光熔化（SLM）零件的制造过程。此外，Additive Works 公司发布了金属增材制造仿真软件 Amphyon，MSC 公司发布了金属增材制造仿真软件 Simufact Additive，ESI 集团发布了金属增材制造仿真解决方案 ESI-Additive Manufacturing，AlphaSTAR 公司开发的仿真软件 GENOA 3DP 能够对聚合物、金属和陶瓷的增材制造过程进行仿真。其他一些 CAD/CAE/CAM 软件也增加了面向增材制造过程的仿真功能。

参考文献

[1] 刘利刚，徐文鹏，王伟明，等. 3D打印中的几何计算研究进展［J］. 计算机学报，2015，38（6）：1243-1267.

[2] 刘秀平，王伟明，刘彬. 计算机图形学中3D打印研究进展［J］. 大学数学，2017，33（3）：1-8.

[3] SONG P，FU Z，LIU L，et al. Printing 3D objects with interlocking parts［J］. Computer Aided Geometric Design，2015，35：137-148.

[4] JIANG X，CHENG X，PENG Q，et al. Models partition for 3D printing objects using skeleton［J］. Rapid Prototyping Journal，2017，23（1）：54-64.

[5] 耿国华，石晨晨，魏潇然，等. 3D打印中的模型分割与打包［J］. 光学精密工程，

2016，24（6）：1439-1447.

[6] SONG P，DENG B L，WANG Z Q，et al. CofiFab：Coarse-to-fine fabrication of large 3D objects [J]. ACM Transactions on Graphics，2016，35（4）：45.

[7] WEI X，QIU S，ZHU L，et al. Toward support-free 3D printing：A skeletal approach for partitioning models [J]. IEEE Transactions on Visualization and Computer Graphics，2018，24（10）：2799-2812.

[8] JADOON A K，WU C M，LIU，Y J，et al. Interactive partitioning of 3D models into printable parts [J]. IEEE Computer Graphics & Applications，2018，38（4）：38-53.

[9] LIU H，LIU L，LI D，et al. An approach to partition workpiece CAD model towards 5-axis support-free 3D printing [J]. International Journal of Advanced Manufacturing Technology，2020，106（1-2）：683-699.

[10] PRÉVOST R，WHITING E，LEFEBVRE S，et al. Make it stand：Balancing shapes for 3D fabrication [J]. ACM Transactions on Graphics，2013，32（4）：81.

[11] 吴芬芬，刘利刚. 3D 打印物体的稳定平衡优化 [J]. 计算机研究与发展，2017，54（3）：549-556.

[12] 王迪，陈晓敏，杨永强，等. 基于激光选区熔化的功能零件结构设计优化及制造关键技术研究 [J]. 机械工程学报，2018，54（17）：165-172.

[13] 李大伟，戴宁，姜晓通，等. 密度感知质心的 3D 打印平衡性优化建模 [J]. 计算机辅助设计与图形学学报，2016，28（7）：1188-1194.

[14] CALIGNANO F. Design optimization of supports for overhanging structures in aluminum and titanium alloys by selective laser melting [J]. Materials & Design，2014，64：203-213.

[15] 徐文鹏，苗龙涛，刘利刚. 面向 3D 打印的结构优化研究进展 [J]. 计算机辅助设计与图形学学报，2017，29（7）：1155-1168.

[16] 张国庆，杨永强，张自勉，等. 激光选区熔化成形零件支撑结构优化设计 [J]. 中国激光，2016（12）：53-60.

[17] GAYNOR A T，GUEST J K. Topology optimization considering overhang constraints：Eliminating sacrificial support material in additive manufacturing through design [J]. Structural and Multidisciplinary Optimization，2016，54（5）：1157-1172.

[18] KUO Y H，CHENG C C，LIN Y S，et al. Support structure design in additive manufacturing based on topology optimization [J]. Structural and Multidisciplinary Optimization，2018，57（1）：183-195.

[19] MIRZENDEHDEL A M，SURESH K. Support structure constrained topology optimization for additive manufacturing [J]. Computer-Aided Design，2016，81：1-13.

[20] CHEN X J，HU J L，ZHOU Q L，et al. An automatic optimization method for minimizing supporting structures in additive manufacturing [J]. Advances in Manufacturing，2020，8（1）：49-58.

[21] KARASIK E，FATTAL R，WERMAN M. Object partitioning for support-free 3D printing

[J]. Computer Graphics Forum, 2019, 38 (2): 305-316.

[22] GUO X, ZHOU J, ZHANG W, et al. Self-supporting structure design in additive manufacturing through explicit topology optimization [J]. Computer Methods in Applied Mechanics and Engineering, 2017, 323: 27-63.

[23] LANGELAAR M. Topology optimization of 3D self-supporting structures for additive manufacturing [J]. Additive Manufacturing, 2016, 12: 60-70.

[24] LEARY M, MERLI L, TORTI F, et al. Optimal topology for additive manufacture: a method for enabling additive manufacture of support-free optimal structures [J]. Materials & Design, 2014, 63: 678-690.

[25] LI Z, ZHANG D Z, DONG P, et al. A lightweight and support-free design method for selective laser melting [J]. International Journal of Advanced Manufacturing Technology, 2017, 90 (9-12): 2943-2953.

[26] WANG W, QIAN S, LIN L, et al. Support-free frame structures [J]. Computers & Graphics, 2017, 66: 154-161.

[27] WU J, WANG C C L, ZHANG X, et al. Self-supporting rhombic infill structures for additive manufacturing [J]. Computer-Aided Design, 2016, 80: 32-42.

[28] WEI X, QIU S, ZHU L, et al. Toward support-free 3d printing: A skeletal approach for partitioning models [J]. IEEE Transactions on Visualization and Computer Graphics, 2017, 24 (10): 2799-2812.

[29] 吴怀宇. 3D 打印：三维智能数字化创造 [M]. 3 版. 北京：电子工业出版社，2017.

[30] 贺强，程涵，杨晓强. 面向 3D 打印的三维模型处理技术研究综述 [J]. 制造技术与机床，2016 (6): 54-57.

[31] 李彦生，尚奕彤，袁艳萍，等. 3D 打印技术中的数据文件格式 [J]. 北京工业大学学报，2016, 42 (7): 1009-1016.

[32] 王广春. 增材制造技术及应用实例 [M]. 北京：机械工业出版社，2014.

[33] DI ANGELO L, DI STEFANO P, DOLATNEZHADSOMARIN A, et al. A reliable build orientation optimization method in additive manufacturing: the application to FDM technology [J]. International Journal of Advanced Manufacturing Technology, 2020, 108 (1-2): 263-276.

[34] DAS P, CHANDRAN R, SAMANT R, et al. Optimum part build orientation in additive manufacturing for minimizing part errors and support structures [J]. Procedia Manufacturing, 2015, 1: 343-354.

[35] LUO N, WANG Q. Fast slicing orientation determining and optimizing algorithm for least volumetric error in rapid prototyping [J]. International Journal of Advanced Manufacturing Technology, 2016, 83 (5-8): 1297-1313.

[36] MI S, WU X, ZENG L. Optimal build orientation based on material changes for FGM parts [J]. International Journal of Advanced Manufacturing Technology, 2018, 94 (5-8):

1933-1946.

[37] ZHANG Y, BERNARD A, HARIK R, et al. Build orientation optimization for multi-part production in additive manufacturing [J]. Journal of Intelligent Manufacturing, 2017, 28 (6): 1393-1407.

[38] QIN Y, QI Q, SCOTT P J, et al. Determination of optimal build orientation for additive manufacturing using Muirhead mean and prioritised average operators [J]. Journal of Intelligent Manufacturing, 2019, 30 (8): 3015-3034.

[39] MATOS M A, ROCHA A M A C, PEREIRA A I. Improving additive manufacturing performance by build orientation optimization [J]. International Journal of Advanced Manufacturing Technology, 2020, 107 (5-6): 1993-2005.

[40] QIE L F, LING S K, LIAN R C. Quantitative suggestions for build orientation selection [J]. International Journal of Advanced Manufacturing Technology, 2018, 98 (5-8): 1831-1845.

[41] DELFS P, TOWS M, SCHMID H J. Optimized build orientation of additive manufactured parts for improved surface quality and build time [J]. Additive Manufacturing, 2016, 12: 314-320.

[42] MAO H, KWOK T H, CHEN Y, et al. Adaptive slicing based on efficient profile analysis [J]. Computer Aided Design, 2019, 107: 89-101.

[43] OROPALLO W, PIEGL L A. Ten challenges in 3D printing [J]. Engineering with Computers, 2016, 32 (1): 135-148.

[44] 余世浩，周胜. 3D 打印成形方向和分层厚度的优化 [J]. 塑性工程学报，2015，22 (6): 7-10.

[45] 罗楠，王泉，刘红霞. 一种快速3D 打印分层方向确定算法 [J]. 西安交通大学学报，2015，49 (5): 140-146.

[46] DREIFUS G, GOODRICK K, GILES S, et al. Path optimization along lattices in additive manufacturing using the chinese postman problem [J]. 3D Printing and Additive Manufacturing, 2017, 4 (2): 98-104.

[47] 刘嘉玮，陈双敏，王晓丽，等. 三维打印中喷头的最优路径规划 [J]. 图学学报，2017，38 (1): 34-38.

[48] 翟晓雅，陈发来. 分形模型的3D 打印路径规划 [J]. 计算机辅助设计与图形学学报，2018，30 (6): 1123-1135.

[49] MOHAMED O A, MASOOD S H, BHOWMIK J L. Optimization of fused deposition modeling process parameters: a review of current research and future prospects [J]. Advances in Manufacturing, 2015, 3 (1): 42-53.

[50] RAJU M, GUPTA M K, BHANOT N, et al. A hybrid PSO-BFO evolutionary algorithm for optimization of fused deposition modelling process parameters [J]. Journal of Intelligent Manufacturing, 2019, 30: 2743-2758.

[51] JIN Y, DU J, HE Y. Optimization of process planning for reducing material consumption in additive manufacturing [J]. Journal of Manufacturing Systems, 2017, 44: 65-78.

[52] ZAMAN U K U, BOESCH E, SIADAT A, et al. Impact of fused deposition modeling (FDM) process parameters on strength of built parts using Taguchi's design of experiments [J]. International Journal of Advanced Manufacturing Technology, 2019, 101 (5-8): 1215-1226.

[53] FAYAZFAR H, SALARIAN M, ROGALSKY A, et al. A critical review of powder-based additive manufacturing of ferrous alloys: Process parameters, microstructure and mechanical properties [J]. Materials & Design, 2018, 144: 98-128.

[54] CHEN H, ZHAO Y F. Process parameters optimization for improving surface quality and manufacturing accuracy of binder jetting additive manufacturing process [J]. Rapid Prototyping Journal, 2016, 22 (3): 527-538.

第4章 3D打印材料

材料是3D打印技术发展的重要物质基础，材料的发展决定着3D打印能否有更广泛的应用。对于3D打印材料，可以从不同的角度进行分类。按照物理形态，3D打印材料可分为液态材料、粉末材料、丝状材料、片状材料；按照化学组成，可分为聚合物材料（包括工程塑料、生物塑料和光敏树脂）、金属材料、无机非金属材料（包括陶瓷、石膏等）和复合材料。目前，在国际应用市场中，非金属材料占80%以上，金属材料占将近20%。非金属材料中，聚合物材料应用最为广泛。

4.1 聚合物材料

用于3D打印的聚合物材料种类很多，包括工程塑料、生物塑料、光敏树脂等。

4.1.1 工程塑料

工程塑料是当前广泛应用的3D打印材料，常见的ABS材料、聚酰胺、聚碳酸酯、聚亚苯基砜、聚醚醚酮等都属于工程塑料。

1. ABS材料

ABS材料是丙烯腈（A，质量分数为23%~41%）、丁二烯（B，质量分数为10%~30%）和苯乙烯（S，质量分数为29%~60%）三元共聚而成的聚合物，其中丙烯腈具有高的硬度和强度、耐热性和耐蚀性，丁二烯具有抗冲击性和韧性，苯乙烯具有表面高光泽性、易着色性和易加工性。因此，ABS具有强度高，抗冲击性、韧性和耐磨性好，尺寸稳定性好等优点，成形加工和机械加工性能也比较好。ABS是目前3D打印中广泛采用的工程塑料，可预制成粉末或丝材后使用。ABS粉末可用于激光烧结工艺，预制成丝材的ABS则是熔融沉积成形工艺最早和最常用的材料之一。

为了提高 ABS 材料的性能，美国 Stratasys 公司开发了多种面向熔融沉积工艺的 ABS 改性材料。ABSplus 材料是 Stratasys 公司研发的用于 3D 打印的材料，有 9 种颜色（象牙色、白色、黑色、深灰色、红色、蓝色、橄榄绿、油桃红和荧光黄），硬度比普通 ABS 材料高 40%。用这种材料 3D 打印的部件具备持久的机械强度和稳定性。ABS-M30 材料有 6 种颜色（自然色、白色、黑色、深灰色、红色和蓝色），比标准的 ABS 材料性能提高 25%～70%，具有更好的拉伸强度、冲击强度和弯曲强度，层与层之间的黏结更强力、更持久。ABS-M30i 具备 ABS-M30 的常规特性，但 ABS-M30i 通过了医学认证，其制件可以通过 γ 射线或环氧乙烷进行消毒，可广泛应用于医疗、制药及食品包装等行业。ABS-ESD7 是基于 ABS-M30 开发的一种具有静电释放（electro-static discharge，ESD）特性的 ABS 热塑性塑料，可以用于防止静电堆积。如果应用环境中存在可能会损坏产品、影响性能或在可燃物环境中导致爆炸的静电荷，则适合使用 ABS-ESD7 材料。ABSi 是半透明材料，其中的 i 即 impact（撞击），因此 ABSi 具有较高的抗冲击性、较高的强度和耐热性能，颜色有半透明自然色、半透明琥珀色、半透明红色等，可用于汽车车灯、航空、医疗设备等领域。在熔融沉积打印过程中，ABS 材料具有遇冷收缩的特性，因此打印 ABS 材料通常需要加热板。

2. 尼龙

尼龙（nylon）又叫聚酰胺（polyamide，PA），外观为白色至淡黄色颗粒，制品表面有光泽且坚硬。尼龙材料有很好的耐磨性、韧性和抗冲击性，可用作制备具有自润滑作用的机械零件。尼龙耐油性好，无嗅无毒，可作为食品的包装材料。尼龙的不足之处是在强酸或强碱条件下不稳定，吸湿性强。部分尼龙制成合成纤维，其强度甚至可与碳纤维媲美，是重要的增强材料。作为最重要的工程塑料之一，尼龙在汽车、航空、家电、电子消费品、艺术设计等多个领域都有着广泛应用。

尼龙在 3D 打印领域具有其他材料无可比拟的优势，是市场上最受欢迎的多功能 3D 打印材料之一。尼龙粉末广泛用于激光烧结工艺，其中尼龙 12（PA12）是最常用的烧结材料。除了激光烧结工艺外，HP 的多射流熔融技术也支持尼龙粉末材料的 3D 打印。但单纯尼龙材料的强度、变形模量、热变形温度并不理想，而且收缩率大，烧结过程中容易发生翘曲变形。由于尼龙良好的黏结性和粉末特性，可与碳纤维、玻璃粉、金属粉等混合进行 3D 打印，所以尼龙复合材料是发展的重点，如玻璃纤维增强尼龙、碳纤维增强尼龙等。玻璃纤维增强尼龙是在尼龙中加入质量分数为30%的玻璃纤维，其力学性能、尺寸稳定性、耐热性、耐老化性会明显提高，疲劳强度是未增强的2.5倍。但玻璃纤维的加入也增加了制品的表面粗糙度，影响制品的外观。碳纤维增强尼龙是在尼龙中加入短切碳纤维或连续碳纤维，其强度比玻璃纤维增强尼龙的强度更高，而且在较高温度下仍能保持很高的强度。与玻璃纤维增强尼龙相比，碳纤维增强尼龙具有更高的强度和刚度，更好的导电性和导热性，但价格也贵了很多。碳纤维增强尼龙的线胀系数与金属相近，是理想的金属替代用材料。随着3D打印技术的迅速发展，玻璃纤维增强尼龙和碳纤维增强尼龙在3D打印领域的应用日益增加。

尼龙材料还可用于熔融沉积成形（FDM）工艺。尼龙要求的打印温度较高，高于一些熔融沉积设备允许的温度，但目前一些新型的熔融沉积设备也能够打印尼龙材料。Stratasys公司开发了若干款面向熔融沉积工艺的尼龙材料。FDM Nylon 12是Stratasys公司推出的第一种尼龙系列材料，具有良好的强度、韧性、疲劳强度和耐蚀性，其应用包括定制生产工具、夹具、卡扣及摩擦贴合嵌件等。FDM Nylon 12CF由Nylon 12树脂和短碳纤维的共混物组成，其中短碳纤维的质量分数为35%，是具有优异结构特性的碳填充热塑塑料。该材料具有很高的比刚度，其高强度、高刚度和密度小的特性使其可替代部分金属组件，适于生产较轻工具和部分最终用途部件。FDM Nylon 6拥有出色的强度和刚度，并保持了良好的抗冲击性。它填补了FDM Nylon 12与高刚性的FDM Nylon 12CF之间的空白，可生产具有光洁表面和高抗断裂性的耐用零件，适用于汽车、航空航天、消费品等领域。

3. 聚碳酸酯

聚碳酸酯（polycarbonate，PC）是一种性能优良的工程塑料，其强度比ABS材料高出60%左右，具有良好的强度、抗冲击性和抗蠕变性，能够直接制造最终零部件。PC粉末是选区激光烧结工艺中的一种重要材料，PC丝材是目前熔融沉积成形工艺中的重要材料。为了提高PC材料的性能，降低其缺口敏感性，人们采取若干种方法对PC材料加以改性，如PC-ABS材料、玻璃纤维增强PC材料、碳纤维增强PC材料等。

4. 聚亚苯基砜

聚亚苯基砜（polyphenylene sulfone，PPSF/PPSU），简称聚苯砜，俗称聚纤维酯，是所有热塑性材料中强度最高、耐热性最好、耐蚀性最强的材料，具有优异的综合性能，广泛应用于航空航天、交通、医疗、电子电气、食品等领域。

5. 聚醚醚酮

聚醚醚酮（PEEK）具有如下优异的性能：耐高温高热性能好，可在250℃下长期使用，瞬间使用温度可达 300℃；具有良好的韧性和刚性，可与合金材料媲美的优良耐疲劳性能；PEEK 化学稳定性好，除浓硫酸外不溶于任何溶剂和强酸、强碱；具有优良的自润滑性，耐滑动磨损和微动磨损的性能优异，尤其是能在 250℃下保持高耐磨性和低摩擦因数；尺寸稳定性好，线胀系数较小；具有阻燃、抗辐射、电绝缘等性能。

由于 PEEK 具有以上优良的综合性能，在许多特殊领域可以替代金属、陶瓷等传统材料，在航空航天、汽车工业、电子电气和医疗器械等领域有着日益广泛的应用。

近年来，纤维增强 PEEK 复合材料成为国内外的研究热点之一。与纯 PEEK 相比，碳纤维增强的 PEEK 复合材料具有拉伸强度、冲击强度和弯曲强度更高，摩擦因数和磨损率更低等优良的特性，其优良的摩擦性能甚至超过超高分子量聚乙烯。

PEEK 材料的缺点在于价格较贵，其全球主要生产商包括英国威格斯公司、德国赢创工业集团、比利时索尔维集团，以及致力于 3D 打印 PEEK 材料的美国牛津性能材料公司。我国主要生产企业有长春吉大特塑工程研究有限公司、吉林中研高性能工程塑料有限公司、盘锦中润特塑有限公司、金发科技股份有限公司、江苏君华特种工程塑料制品有限公司等。

6. PC-ABS

PC-ABS 材料是一种广泛应用的热塑性工程塑料，具备 ABS 材料的韧性和 PC 材料的高强度及耐热性，多用于汽车、家电及通信行业。

7. PC-ISO

PC-ISO 材料是一种通过医学认证的白色热塑性材料，具有较高的强度，广泛应用于药品和生物医疗行业，如手术模拟、颅骨修复、牙科等。

8. 聚苯乙烯

聚苯乙烯（polystyrene，PS）是指由苯乙烯单体经自由基加聚反应合成的聚合物。它是一种无色透明的热塑性塑料，具有高于 100℃的玻璃转化温度。聚苯乙烯包括普通聚苯乙烯、发泡聚苯乙烯（expanded polystyrene，EPS）、高抗冲聚苯乙烯（high impact polystyrene，HIPS）及间规聚苯乙烯（syndiotactic polystyrene，SPS）。其中，高抗冲聚苯乙烯的抗冲击性优异，其粉末可用于激光烧结等工艺，其丝材可用于熔融沉积工艺。

9. TPU 材料

TPU 材料是 thermoplastic urethane 的简称，中文名称为热塑性聚氨酯弹性体，是介于橡胶和塑料的一类高分子材料，主要有聚酯型和聚醚型之分。TPU 具有强度高、韧性好、耐磨、耐寒、耐油、耐水、耐老化、耐霉菌等特性，广泛应用于工业品、日用品及体育用品等方面。

10. 其他工程塑料

此外，相关企业还开发了一些新型的用于 3D 打印行业的工程塑料。例如，弹性塑料（elasto plastic，EP）是 Shapeways 公司研制的一种 3D 打印材料，打印的产品具有很好的弹性，适于可穿戴物品、柔性电子等领域；Endur 是 Stratasys 公司推出的一款 3D 打印材料，具有强度高、柔韧度好和耐高温等性能。

4.1.2 生物塑料

3D 打印生物塑料主要有聚乳酸、PETG、聚己内酯、聚乙烯醇、聚羟基脂肪酸酯、生物基 TPU 等，其共同特点是具有良好的生物可降解性。

1. 聚乳酸

聚乳酸（polylactic acid，PLA）是一种新型的生物降解材料，使用可再生的植物资源（如玉米、甘蔗）所提取出的淀粉原料制成。淀粉原料经由发酵过程制成乳酸，再通过化学合成转换成聚乳酸。因此，聚乳酸具有良好的生物可降解性，使用后能被自然界中微生物完全降解，最终生成二氧化碳和水，不污染环境。由于 PLA 具有良好的相容性、可降解性、力学性能和物理性能，而且加工方便，所以在 3D 打印中，尤其是熔融沉积工艺中应用十分广泛。PLA 具有较低的收缩率，打印较大尺寸模型时具有较好的精度，而且不易发生翘曲变形。但 PLA 的抗冲击性和强度较弱，玻璃转化温度仅有 60℃左右，不能用于高温工作环境。

2. PETG 材料

PETG 材料的全称为聚对苯二甲酸乙二醇酯-1，4-环己烷二甲醇酯（polyethylene terephthalateco-1，4-cylclohexylenedimethylene terephthalate），是以生物基乙二醇为原料合成的生物塑料。PETG 作为一种新型的 3D 打印材料，兼具 PLA 和 ABS 的优点。打印出的产品光泽度高、强度高、收缩率小、表面光滑，具有半透明效果，产品不易破裂，在打印过程中几乎没有气味。因此，PETG 在 3D 打印领域产品具有广阔的开发应用前景。

3. 聚己内酯

聚己内酯（polycaprolactone，PCL）是一种生物可降解聚酯，熔点较低，只有 60℃左右。与大部分生物材料一样，人们常常把它用作特殊用途，如药物传输设备、缝合剂等。PCL 具有形状记忆的特性，在特定条件下，可以使其恢复到原有的形状。

4. 聚乙烯醇

聚乙烯醇（polyvinyl alcohol，PVA）是一种可生物降解的合成聚合物。它最大的特点是具有水溶性，在打印过程中是一种很好的支撑材料。在打印过程结束后，由 PVA 组成的支撑部分能在水中完全溶解且无毒无味，可以很容易地从模型上清除。

5. 聚羟基脂肪酸酯

聚羟基脂肪酸酯（polyhydroxyalkanoates，PHA）是一种以植物为原料的生物基材料。这种材料具有可降解的特性，常常用来制作医学器具、食品包装袋、儿童玩具、电子产品外壳等。

6. 生物基 TPU

生物基 TPU（thermoplastic polyurethanes）是新一代生物基热塑性聚氨酯材料，可再生资源含量高达 60%，具有优异的力学性能、抗水解性和良好的黏着力，而且耐磨耐压，方便加工回收，是一种轻质且成本效益高的原材料。在 3D 打印领域，生物基 TPU 作为一种弹性材料，具有很广泛的应用，如打印鞋子、手环等。

4.1.3 光敏树脂

液态光敏树脂具有良好的流动性和较快的固化速度，成形后产品外观平滑，可呈现透明至半透明磨砂状。光敏树脂材料由反应性低聚物（预聚物）、反应性稀释剂（又称反应性单体）、光引发剂（又称光敏剂或光固化剂）以及填料组成。低聚物是含有不饱和官能团的低分子聚合物，是光固化材料中最基础的材料，决定了光敏树脂的基本性能，如黏度、硬度、断裂伸长率等。低聚物的种类繁多，其中应用较多的包括各类丙烯酸树脂、环氧树脂、乙烯基醚类树脂等。反应性稀释剂是化学结构中含有可聚合官能团的有机物小分子溶剂，习惯上也称为“单体”，在光敏树脂体系中起着十分重要的作用。在发生光固化反应时，反应性稀释剂把高分子量的低聚物分子连接在一起，对完全固化起着重要的作用。光引发剂在一定波长的紫外光照射下能够形成一些活性物质，如自由基或阳离子，自由基或阳离子使低聚物和单体活化，从而引发聚合反应，形成很长的交联聚合物高分子，液态树脂也转变成坚硬的固态，完成固化过程。

用于 3D 打印的光敏树脂不仅要对特定波长的光源具有高的光敏感性，还应该具有黏度低，固化速度快，固化收缩小，一次固化程度高，固化溶胀小等特性。按照光敏树脂参加光固化交联过程中的反应机理，可以将其分为三类：自由基型光敏树脂、阳离子型光敏树脂、自由基-阳离子混杂型光敏树脂。

1. 自由基型光敏树脂

自由基型光敏树脂的低聚物需要具有不饱和双键基团，主要选用各种丙烯酸酯树脂，包括环氧丙烯酸酯树脂、聚酯丙烯酸酯树脂、聚氨酯丙烯酸酯树脂等。环氧丙烯酸酯树脂的光固化速度快，固化后具有硬度高，光泽度好，耐蚀性、耐热性及电化学性优异等特点，并且原料来源广，价格低，合成工艺简单。聚氨酯丙烯酸酯树脂是自由基型光敏树脂中又一重要的低聚物，有较好的综合性能，但存在光固化速度相对较慢，黏度较大，价格相对较高等缺点。自由基型光敏树脂的主要优点是光敏性好，固化速率快，黏度低，产品韧性好，成本低，所以早期的光固化成形树脂选用的都是这类树脂。缺点是固化后成形零件的表面精度差，固化收缩率较大，制品易翘曲变形。

2. 阳离子型光敏树脂

阳离子型光敏树脂主要有环氧树脂（或环氧塑料，epoxy resin or plastic，EP）和乙烯基醚类树脂。阳离子型光敏树脂的优点是固化体积收缩率小，固化反应程度高，成形后无须二次固化，得到的制件尺寸稳定，精度高，力学性能优异。但阳离型光敏树脂成本高，固化反应速率低，黏度高，一般需添加较多的活性稀释剂才能满足打印要求。

3. 自由基-阳离子混杂型光敏树脂

自由基-阳离子混杂型光敏树脂由自由基型光敏树脂和阳离子型光敏树脂混合而成。自由基聚合在紫外光照射停止后立即停止，而阳离子聚合在停止照射后继续进行。因此，当两者结合后，产生协同固化效应，最终产物的体积收缩率可显著降低，性能也可实现互补。因此，混杂型光敏树脂是光固化成形树脂发展的趋势。

随着3D打印技术的快速发展，近年来，新型的光敏树脂材料及光固化成形工艺不断出现。如具有更高的强度和抗冲击性的高强树脂，能够承受较高温度的高温树脂，在高强度挤压和反复拉伸下具有较高弹性和抗撕裂性能的弹性树脂，具有高韧性和高冲击强度的柔性树脂，用于铸造行业的熔模铸造树脂，用于生物医学领域的生物相容性树脂，在普通日光下就可以固化的日光树脂，用于陶瓷光固化技术的陶瓷树脂等。

4.1.4 高分子凝胶

高分子凝胶也称为水凝胶或高分子水凝胶，是由亲水性聚合物、共聚物或聚电解质构成的高分子网络。由于其网络结构的亲水性，凝胶可以保有大量的水，而且有些高分子凝胶可以对温度、电场、磁场、压力等外界刺激发生响应。高分子凝胶在结构上和自然界中构成生物体的材料十分相近，是一种很好的生物相容性材料。由于具有刺激响应性和良好的生物相容性，高分子凝胶在生物医药、智能材料、新型传感器等领域有非常重要的研究价值和应用价值。由于凝胶网孔的可控性，可用于智能药物释放材料；当离子强度、温度、电场和化学物质发生变化时，凝胶的体积也会相应地变化，可用于形状记忆材料、传感材料、软体机器人等领域。但水凝胶的应用受到其制造方法的限制，传统制造方法限制了凝胶的几何复杂性，并导致相对较低的分辨率。

利用 3D 打印方法制造新型高分子凝胶是近年来十分活跃的研究课题。新加坡科技设计大学和耶路撒冷希伯来大学合作开发了一种制备高伸缩性（可将其拉伸至 1300%）和可紫外固化水凝胶的方法，可制造出具有高分辨率和高保真度（高达 7μm）的复杂水凝胶 3D 结构，克服了传统制造中几何复杂性有限和加工分辨率较低的缺陷，打印出的可拉伸水凝胶具有出色的生物相容性，可直接用于 3D 打印生物结构和组织。美国加州大学洛杉矶分校的研究团队成功打印出了由 GelMA 和 PEDOT：PSS 组成的具有高生物相容性的导电水凝胶。该水凝胶保持了可调力学性能，杨氏模量为 40 ~ 150 kPa，并可通过改变 PEDOT：PSS 的浓度来调节材料的电导率。耶路撒冷希伯来大学和新加坡南洋理工大学的学者合作开发了一种 3D 打印的柔性智能杂化水凝胶。美国莱斯大学和华盛顿大学的研究团队开发出一种水凝胶 3D 打印技术，可以在几分钟内快速生成有复杂内部结构的生物相容性水凝胶，用来模仿人体气管和血管等脉管系统，为未来人造功能性器官扫除一个重要的技术障碍。该成果 2019 年刊登在《Science》杂志。

人们还将水凝胶应用于软体机器人的研究。美国罗格斯大学的研究人员利用 3D 打印技术制造出智能水凝胶机器人，能够抓取物体，并成功在水下行走。新加坡国立大学的学者开发了一种基于水凝胶 3D 打印仿生软体机器人的设计方法。我国学者对水凝胶 3D 打印技术也进行了深入的研究。

4.2　金属材料

金属材料具有良好的力学性能、物理性能、化学性能和加工性能，不仅在传统机械制造行业获得广泛的应用，在 3D 打印领域也扮演着日益重要的角色。据《Wohlers reports 2019》报告，2018 年全球金属 3D 打印材料市场增长

41.9%，达到2.602亿美元，连续五年增长率超过40%。目前，用于3D打印的金属材料包括钛合金、镍基或钴基高温合金、铝合金、铜合金、不锈钢等。这些金属材料共同的特点是强度大，硬度高，在传统的切削加工中多属于难加工材料，因此非常适合用3D打印技术制造。用于3D打印的金属粉末材料一般要求纯度高，球度好，粒度分布窄，含氧量低。全球金属粉末材料的主要生产商包括 Sandvik、Carpenter Technology、GKN、Arcam、EOS、Hoganas、Solvay、Erasteel 等。3D 打印的金属零部件主要应用于航空航天、生物医疗、汽车、船舶、机械等领域。

1. 不锈钢

不锈钢具有耐化学腐蚀、耐高温和力学性能良好等特性。由于不锈钢的粉末成形性好，制备工艺简单且成本低廉，所以不锈钢是最早应用于3D打印的金属材料。目前，应用于金属3D打印的不锈钢主要有奥氏体不锈钢316L和304L、马氏体不锈钢15-5PH和17-4PH等。

2. 钛合金

钛合金具有比强度（强度与密度之比）高、耐热性好、耐蚀性强、生物相容性好等特点，在医疗、航空航天、汽车等领域都发挥着重要作用。钛合金属于典型的难加工材料，切削加工时应力大，温度高，刀具磨损严重，限制了钛合金的广泛应用。而3D打印技术特别适合钛及钛合金的制造，3D打印时处于保护气氛环境中，钛不易与氧、氮等元素发生反应，微区局部的快速加热冷却也限制了合金元素的挥发。目前，3D打印钛及钛合金的种类有纯钛、Ti-6Al-4V（TC4）和Ti-6Al-7Nb（TC20）等，主要用于航空航天零件及人体植入体（如骨骼、牙齿）等领域。

3. 镍基合金

镍基合金在650～1000℃高温下仍有较高的强度与抗氧化腐蚀能力，可工作在高温和高应力环境下，具有良好的力学性能、抗氧化和耐热腐蚀性能，是一类发展很快、应用很广的高温合金。3D打印的镍基合金可用于制备航空发动机中的涡轮盘、涡轮叶片等热端部件，能够提高发动机的稳定性和热效率。钛的质量分数为50%的镍基合金，形状记忆效果好，多用于制造航天器结构件、人造心脏马达等。目前研究最成熟的适用于3D打印的镍基高温合金包括 Inconel 718（IN718）、Inconel 625（IN625）及 Inconel 939（IN939）。

4. 钴基合金

钴基合金以钴作为主要成分，含有一定量的镍、铬、钨和少量的钼、铌、钽、钛、镧等合金元素，具有强度高、耐蚀性和生物相容性好等特性。钴基合金最早用于制作人体关节，现在已广泛应用到口腔领域3D打印个性化定制的义齿，同时还可用于发动机部件等行业。目前，常用的3D打印钴基合金有Co212、Co452、Co502和CoCr28Mo6等。

5. 铝合金

铝合金密度低，耐蚀性好，抗疲劳性能较高，且具有较高的比强度和比刚度，是一种理想的轻量化材料，用途广泛。目前，应用于金属3D打印的铝合金有AlSi12、AlSi10Mg、AlSi7Mg、AlSi9Cu3、6060、6061等。AlSi12是具有良好热性能的轻质金属，可用于航空航天、汽车等领域，适于生产薄壁零件，如换热器等。AlSi10Mg具有很高的强度和硬度，适用于薄壁以及复杂几何形状的零件，尤其是在要求有良好的热性能和低重量的场合。

6. 液态金属

用于3D打印的液态金属通常由镓和铟两种无毒且能在室温下保持液态的合金构成，这方面的材料包括镓铟合金、镓铟锡合金等。当液态金属暴露在空气中时，材料的表面会硬化，但内部仍然保持液态。由于液态金属可以导电，将有可能利用3D打印制作液态金属电路板。2017年，中国科学院理化技术研究所低温生物与医学实验室提出了液态金属悬浮3D打印技术。该技术以镓铟液态金属合金为打印材料，采用自固化水凝胶作为支撑材料，打印喷头连续挤出室温液态金属，借助水凝胶材料支撑并固定挤出液态金属的形状，通过逐层堆积打印出具有极其复杂形状和结构的三维柔性金属结构。该技术有望用于柔性三维电子器件、软体机器人组装、材料封装以及生物医学等领域。

7. 铜合金

铜合金粉末对激光的反射率较高，吸收率较低，长期被国内外认为是较难打印的材料。近几年，国内外的相关企业已经实现了铜合金的3D打印，如3D打印的铜合金典型结构件等。

8. 其他金属材料

此外，金、银、铌、锆、镁合金等材料都能够进行3D打印。

目前不少金属3D打印零件材料的致密性、强度已经与锻件基本相当，但难以直接形成符合要求的零件表面，往往还需要进行后续的机械加工。

4.3 陶瓷材料

陶瓷材料的强度和硬度高，耐热性和耐蚀性好，在航空航天、汽车、生物等行业有着广泛的应用。但陶瓷材料硬而脆，加工成形比较困难，特别是复杂陶瓷件需要通过模具来成形，加工成本高，开发周期长，难以满足产品不断更新的需求。而陶瓷 3D 打印可以制备结构复杂、高精度的多功能陶瓷，在建筑、工业、医学、航天航空等领域将会得到广泛的应用。

陶瓷 3D 打印所用的材料有氧化铝、氧化锆、羟基磷灰石（HAP）、磷酸三钙（TCP）、氮化硅、氧化硅等。氧化铝陶瓷是目前应用最为广泛的工业陶瓷，耐受的温度高达 1700℃，高温下性能依然良好。氧化锆陶瓷有很高的强度、韧性和耐磨性，被誉为“陶瓷钢”。羟基磷灰石与人体骨骼的成分、结构基本一致，生物活性和相容性好，能与人体骨骼形成很强的化学结合，可用作骨缺损的填充材料。磷酸三钙的组成与羟基磷灰石类似，但是钙磷比更低，在植入人体后材料逐渐被吸收，是一种可降解的生物陶瓷。

知名市场研究公司 Markets and Markets 发布的一份调查报告显示，3D 打印陶瓷市场的全球规模 2021 年有望增长至 1.315 亿美元。行业分析公司 SmarTech 在最新发布的市场报告《陶瓷快速成形零件生产：2019—2030 年》中估计，陶瓷 3D 打印将在 2025 年后迎来一个拐点，到 2030 年陶瓷 3D 打印的全球收入将达到 48 亿美元。2018 年 3 月 26 日，由清华大学、武汉理工大学、西安交通大学、中国科学院上海硅酸盐研究所等高校、科研院所和 3D 打印领域的企业共同发起成立了“陶瓷 3D 打印产业联盟”。

4.4 复合材料

复合材料是指由两种以上材料通过一定的工艺加工而成的新型材料，它与金属、高分子聚合物、陶瓷并称为四大材料。在 3D 打印领域，复合材料不断受到关注，这方面的研究日益活跃，从事这方面的主要企业包括 MarkForged、Impossible Objects、Arevo Labs、Electroimpact、EnvisionTEC 等公司。

各类纤维增强复合材料的 3D 打印一直是人们关注的焦点，如受到广泛关注的碳纤维增强复合材料、玻璃纤维增强复合材料和芳纶纤维增强复合材料等。碳纤维复合材料是以碳纤维或碳纤维织物为增强体，以树脂、陶瓷等为基体的复合材料。其中，碳纤维能够承受负载，基体可以结合、保护纤维，并将负载传递给增强体。这种材料具有与金属相当的强度，密度非常小，是一种极为重要的轻量化材料，在航空航天、汽车、轨道交通、风能设备等行业中有着广泛的应用前景。传统工艺制造碳纤维的过程十分复杂且需要大量人力劳动，采用 3D 打印技术无疑会使碳纤维复合材料的制造更为便捷，同时大大减少人工投入。目前，利用 3D 打印技术制备碳纤维增强复合材料是学术界研究的热点，包括碳纤维增强 PLA 材料、碳纤维增强尼龙材料和碳纤维增强 PEEK 材料等。

4.5　其他 3D 打印材料

此外，3D 打印在石膏类材料、橡胶类材料、细胞生物材料、食用材料、蜡质材料、木质材料等领域的应用越来越广泛。根据 Markets and Markets 公司的预测，到 2025 年，食品 3D 打印市场的全球规模将达到 4.25 亿美元，并且从 2018 年起，其复合年增长率将达到 54.75%。

参考文献

[1] 周伟民，闵国全. 3D 打印技术 [M]. 北京：科学出版社，2016.
[2] 中国机械工程学会. 中国机械工程技术路线图 [M]. 2 版. 北京：中国科学技术出版社，2017.
[3] 吴怀宇. 3D 打印：三维智能数字化创造 [M]. 3 版. 北京：电子工业出版社，2017.
[4] 史玉升，闫春泽，周燕，等. 3D 打印材料 [M]. 武汉：华中科技大学出版社，2019.
[5] Stratasys. FDM 材料白皮书 [EB/OL]. [2020-3-21]. https://www.stratasys-china.com/wp-content/uploads/2018/Resources/white-paper/FDM 材料白皮书.pdf.
[6] 中国汽车工程学会，3D 科学谷. 3D 打印与汽车行业技术发展报告 [M]. 北京：北京理工大学出版社，2017.
[7] 李贤真，李彦锋，朱晓夏，等. 高分子水凝胶材料研究进展 [J]. 功能材料，2003 (4)：382-385.
[8] ZHANG B, LI S, HINGORANI H, et al. Highly stretchable hydrogels for UV curing based high-resolution multimaterial 3D printing [J]. Journal of Materials Chemistry, 2018, 6 (20): 3246-3253.
[9] SPENCER A R, SHIRZAEI SANI E, SOUCY J R, et al. Bioprinting of a cell-laden conductive hydrogel composite [J]. ACS Applied Materials & Interfaces, 2019, 11 (34): 30518-30533.
[10] ZHOU Y, LAYANI M, WANG S C, et al. Fully printed flexible smart hybrid hydrogels [J]. Advanced Functional Materials, 2018, 28 (9): 1705365.
[11] GRIGORYAN B, PAULSEN S J, CORBETT D C, et al. Multivascular networks and functional intravascular topologies within biocompatible hydrogels [J]. Science, 2019, 364 (6439): 458-464.
[12] HAN D, FARINO C, YANG C, et al. Soft robotic manipulation and locomotion with a 3d printed electroactive hydrogel [J]. ACS Applied Materials & Interfaces, 2018, 10 (21): 17512-17518.

[13] CHENG Y, CHAN K H, WANG X Q, et al. Direct-ink-write 3D printing of hydrogels into biomimetic soft robots [J]. ACS Nano, 2019, 13 (11): 13176 - 13184.

[14] LI C, FAULKNER-JONES A, DUN A R, et al. Rapid formation of a supramolecular polypeptide-DNA hydrogel for in situ three-dimensional multilayer bioprinting [J]. Angewandte Chemie International Edition, 2015, 54 (13): 3957-3961.

[15] WANG J, LU T, YANG M, et al. Hydrogel 3D printing with the capacitor edge effect [J]. Science Advances, 2019, 5 (3): eaau8769.

[16] 陈双，吴甲民，史玉升. 3D 打印材料及其应用概述 [J]. 物理，2018，47 (11): 715-724.

[17] 黄卫东. 材料 3D 打印技术的研究进展 [J]. 新型工业化，2016 (3): 53-70.

[18] YU Y, LIU F, ZHANG R, et al. Suspension 3D printing of liquid metal into self-healing hydrogel [J]. Advanced Materials Technologies, 2017, 2 (11): 1700173.

[19] 纪宏超，张雪静，裴未迟，等. 陶瓷 3D 打印技术及材料研究进展 [J]. 材料工程，2018，46 (7): 19-28.

[20] 王志永，赵宇辉，赵吉宾，等. 陶瓷增材制造的研究现状与发展趋势 [J]. 真空，2020，57 (1): 67-75.

[21] 鲁浩，李楠，王海波，等. 碳纳米管复合材料的 3D 打印技术研究进展 [J]. 材料工程，2019，47 (11): 19-31.

[22] 田小永，刘腾飞，杨春成，等. 高性能纤维增强树脂基复合材料 3D 打印及其应用探索 [J]. 航空制造技术，2016，59 (15): 26-31.

[23] 明越科，段玉岗，王奔，等. 高性能纤维增强树脂基复合材料 3D 打印 [J]. 航空制造技术，2019，62 (4): 34-38.

第5章 3D打印工艺

在3D打印技术的发展过程中，产生了几十种3D打印工艺，这些工艺所适用的原材料形态、原材料种类、成形方法、后处理过程各不相同。为了对众多的3D打印工艺进行统一分类，各大标准化机构，如美国材料与试验协会（ASTM）、国际标准化组织（ISO）以及我国国家标准都将3D打印工艺分为7大类：材料挤出、立体光固化、薄材叠层、黏结剂喷射、材料喷射、粉末床熔融、定向能量沉积。本章将按照以上分类方法对7大类3D打印工艺进行讨论。

5.1 材料挤出

所谓材料挤出，是指将材料通过喷嘴或孔口挤出的增材制造工艺。该工艺所用的原材料形状为线材或膏体。在热、超声波或化学反应等激活源作用下，熔融状的线材或膏体挤出喷嘴或孔口后，按照预定的轨迹运动形成当前层，各层之间通过热黏结或化学反应黏结形成三维形状，最后固化成形，得到实体零件。

材料挤出是最常见的3D打印工艺，广为人们熟知的熔融沉积成形（fused deposition modeling，FDM）工艺就属于材料挤出工艺。材料挤出工艺的原材料并不局限于热塑性塑料，其他如巧克力、混凝土、金属、陶瓷等，都可以形成线材或膏体，并能通过材料挤出工艺进行3D打印。

5.1.1 熔融沉积成形（FDM）

熔融沉积成形工艺由美国学者斯科特·克伦普（Scott Crump）博士于1988年提出，并于1989年申请了美国专利。随后，斯科特·克伦普创立了Stratasys公司。1992年，Stratasys公司获得了美国专利（US5121329A），并推出了首台基于FDM技术的3D工业级打印机。该工艺还有一些其他的名称，如熔丝成形（fused filament modeling，FFM）、熔丝制造（fused filament fabrication，FFF）、熔融沉积法（fused deposition method，FDM）、熔丝和挤压建模（melted and extruded modeling，MEM）等。

1. 熔融沉积成形的工艺原理

熔融沉积成形的工艺原理是：将丝状的热熔性材料在喷头中加热熔化，然后通过喷头的微细喷嘴挤喷出来。热熔性的原料丝材直径一般为 ϕ1.75mm，而喷嘴直径只有 ϕ0.2 ~ ϕ0.6mm。这就保证了喷头内有一定的压力，熔融后的原料能以一定的速度（必须与喷头扫描速度相匹配）被挤出并成形。热熔性材料脱离喷嘴后，随即与前一层材料黏结在一起。一层材料沉积完成后，工作台下降一个层的厚度（即分层厚度），再继续熔喷沉积下一层，如此反复逐层沉积，直至堆积成所需的实体模型。

熔融沉积成形过程中，每一个层都是在现有轮廓的基础上进行堆积，现有轮廓对正在打印的当前层起定位和支撑的作用。随着高度的增加，各层轮廓的面积和形状都会发生变化。当形状发生较大的变化时，现有轮廓就不能给当前层提供充分的定位和支撑作用，需要制作一些支撑结构，以保证成形过程的顺利实现。为了便于制作支撑结构，很多新型的熔融沉积成形设备采用双喷头打印，一个喷头用于打印成形材料，一个喷头用于打印支撑材料，如图 5-1 所示。双喷头打印不仅具有较高的沉积效率，还可以灵活地选择具有特殊性能的支撑材料，如采用水溶性支撑材料或低于成形材料熔点的热熔材料等，以便于后处理过程中支撑材料的去除。

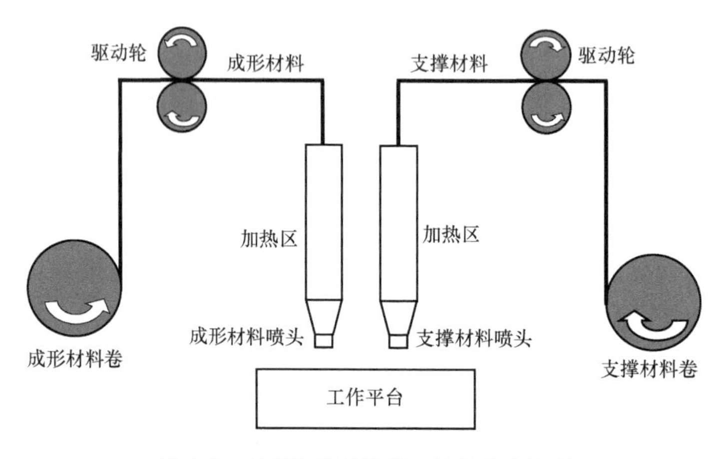

图 5-1　双喷头熔融沉积工艺的基本原理

2. 熔融沉积成形的材料

熔融沉积成形使用的材料可分为两类：一类是成形材料，一类是支撑材料。

FDM 工艺对成形材料的要求是熔融温度低，黏度低，黏结性好，收缩率小。常见的成形材料主要是一些热塑性的丝状材料，包括 ABS、PLA、PC、PC-ABS、PC-ISO、特种石蜡材料等。这些成形材料可用于制造塑料件、铸造用蜡模等。

FDM 工艺对支撑材料的要求是能承受一定的高温，与成形材料不浸润，具有水溶性或酸溶性，熔融温度较低，流动性好等。支撑材料又分为两类，一类是需要在后处理阶段手工进行剥离的剥离性支撑材料，另一类是不需要手工剥离的水溶性支撑材料。水溶性支撑材料可溶解于酸性或碱性水溶液，剥离过程中不需要采用机械式的去除方式，可以很好地保护工件，尤其适合用于空心或微细特征零件。目前，可用于 FDM 工艺的水溶性支撑材料主要分为两大类：一类是聚乙烯醇（PVA）水溶性支撑材料，另一类是丙烯酸（AA）类共聚物水溶性支撑材料。聚乙烯醇的分子链上含有大量羟基，具有良好的水溶性，是一种应用广泛的水溶性高分子材料，但需要对其进行改性，以提高熔融加工性能和水溶性能。对聚乙烯醇进行改性的方法包括共混改性、共聚改性、后反应改性、控制聚合度及醇解度等。丙烯酸类共聚物是另一类重要的水溶性材料，不同相对分子质量的共聚物，其水溶性、强度、硬度、附着力等性能差别很大，丙烯酸易于和其他单体共聚，可以根据用户需要设计出符合所需性能的产品。美国 Stratasys 公司在 FDM 材料和设备方面处于世界领先水平，先后推出了若干种适用于 FDM 技术的水溶性支撑材料，包括 SR-30、SR-100、SR-110、ST-130 等。

3. 熔融沉积成形设备

典型的熔融沉积成形设备制造商包括美国的 Stratasys、MakerBot、Markforged 与 Desktop Metal，荷兰的 Ultimaker，以及我国的北京太尔时代科技有限公司、浙江闪铸三维科技有限公司、深圳市创想三维科技有限公司等企业。表 5-1 列出了部分商业化的 FDM 设备。

4. 熔融沉积成形的优缺点

作为一种广泛使用的 3D 打印工艺，FDM 具有以下独特的优点：

1）系统构造和原理简单，采用的是热熔型喷头挤出成形，不需要激光器，因此设备费用较低。另外，原材料的利用效率高而且成本较低。

2）可选用的材料种类多，各种色彩的工程塑料，如 ABS、PC、PS 及医用 ABS 等都可以选用。

3）很多 FDM 设备采用水溶性支撑材料，使得去除支撑结构简单易行，可快速构建复杂的内腔、中空零件及一次成形的装配结构件。

表 5-1　部分商业化的 FDM 设备

生产商	型　号	机器尺寸（长×宽×高）/mm	成形尺寸（长×宽×高）/mm	层厚/mm	成形材料
Stratasys	F120	889×870×721	254×254×254	0.178、0.254、0.330	PLA、ABS、ASA、TPU、PC-ABS
	F170	1626×864×711	254×254×254	0.127、0.178、0.254、0.330	
	F270	1626×864×711	305×254×305		
	F370	1626×864×711	355×254×355		
	Fortus 380mc	1295×902×1984	355×305×305	0.127、0.178、0.254、0.330	ABS、ASA、PC、尼龙-12、碳纤维
	Fortus 450mc	1295×902×1984	406×355×406		
	Fortus 900mc	2772×1683×2027	914×609×914	0.127、0.178、0.254、0.330、0.508	
MakerBot	Replicator +	528×441×410	295×195×165	0.1	ABS、PLA
	Replicator Z18	565×493×861	305×300×457		
北京太尔时代科技有限公司	UP mini 2	365×255×385	120×120×120	0.15	ABS、PLA、PC、青铜、尼龙
	UP Plus 2	350×245×260	135×140×140	0.15	
	UP300	523×500×460	255×205×225	0.05～0.4	ABS、PLA、TPU
	X5	850×625×520	230×180×200	0.05～0.4	
	UP BOX +	520×485×495	255×205×205	0.1	ABS、PLA、PC、青铜、尼龙、碳纤维、PET、ASA

Ultimaker	Ultimaker 2 +	357 × 342 × 388	223 × 223 × 205	0.02 ~ 0.6	尼龙、PLA、ABS、CPE、PC、TPU
	Ultimaker 3	380 × 342 × 389	215 × 215 × 200	0.02 ~ 0.2	
	Ultimaker 3 Extended	380 × 342 × 489	215 × 215 × 300	0.02 ~ 0.2	
	Ultimaker S5	495 × 457 × 520	330 × 240 × 300	最小层厚 0.02	
Markforged	Onyx One	584 × 330 × 355	320 × 132 × 154	0.1 ~ 0.2	Onyx（尼龙 + 短切碳纤维）
	Onyx Pro	584 × 330 × 355	320 × 132 × 154	0.1 ~ 0.2	Onyx、玻璃纤维
	Mark Two	584 × 330 × 355	320 × 132 × 154	0.1 ~ 0.2	Onyx、玻璃纤维、芳纶纤维、碳纤维
	Markforged X3	584 × 483 × 914	330 × 270 × 200	0.05 ~ 0.2	Onyx
	Markforged X5	584 × 483 × 914	330 × 270 × 200	0.05 ~ 0.2	Onyx、玻璃纤维
	Markforged X7	584 × 483 × 914	330 × 270 × 200	0.05 ~ 0.2	Onyx、玻璃纤维、芳纶纤维、碳纤维
Desktop Metal	Fiber HT	620 × 586 × 863	310 × 240 × 270	0.05 ~ 0.2	PEKK + 碳纤维、PEEK + 碳纤维、尼龙 + 碳纤维、尼龙 + 玻璃纤维

4）原材料以卷轴丝的形式提供，易于搬运和快速更换。

5）FDM 工艺无毒性且不产生异味、粉尘、噪声等污染，可在办公室环境下使用。

6）用蜡成形的原型零件，可以直接用于熔模铸造。

FDM 工艺的不足之处包括：

1）零件表面有较明显的条纹，精度较低，难以构建精度要求较高的零件。

2）与切片垂直的方向强度较小。

3）需要设计和制作支撑结构。

4）成形速度相对较慢，不适合构建大型零件。

5）喷头容易发生堵塞。

5. 熔融沉积成形的精度分析

熔融沉积成形过程包括前处理、打印过程及后处理三个阶段，其中诸多因素都会产生误差，影响成形的精度。

（1）前处理过程产生的误差　在前处理过程中，需要对实体的三维 CAD 模型进行 STL 格式化处理及切片分层处理。STL 格式是用三角面片来近似表达 CAD 模型的曲面，切片分层处理则是用一定厚度的各层来近似逼近 CAD 模型的轮廓，二者都会产生误差。这些误差是各种 3D 打印工艺都存在的误差，属于原理性误差，无法完全避免，但可以通过增加三角面片的数量、减少分层厚度、采用自适应分层或 CAD 模型直接分层切片等方法来减少此类误差。

（2）打印过程产生的误差　3D 打印过程中，影响打印误差的因素很多，包括打印机存在的误差、打印路径相关的误差、打印参数相关的误差、打印材料的膨胀和收缩引起的误差等。

3D 打印机的误差包括机器的制造误差、安装误差和使用过程中磨损造成的误差。这些误差会造成工作台、喷头等运动部件的实际运动轨迹偏离理想运动轨迹，引起加工误差。

熔融沉积成形的打印过程有多种填充方式。不同填充方式产生的填充线形状和长度不一样，填充的启动和停止过程不同，造成的启停误差也各不相同。

打印参数对加工误差影响很大，这些参数包括层厚、打印宽度、打印速度等多个方面。在打印过程中，打印速度与挤出速度是否相互匹配会影响加工精度。单位时间内挤出的丝材体积与挤出速度成正比。当打印速度一定时，随着挤出速度增大，挤出丝的截面宽度逐渐增加。当挤出速度增大到一定值，挤出的熔丝会堆积在喷嘴外圆锥面，使成形面上形成局部材料堆积，影响加工精度。若打印速度比挤出速度快，则材料填充不足，会出现断丝现象。

在熔融沉积过程中，熔融态的成形材料在狭窄的喷嘴受到挤压，当物料离开喷嘴的瞬时，由于外部压力的消失而导致聚合物产生挤出膨胀。这种现象可用膨胀率 s 来表示，其范围通常为 1.05 ~ 1.3。离开喷嘴后，成形材料由熔融态逐渐冷却，并不断打印在前面已经成形的材料上。在此过程中，一方面刚挤出的熔融态材料温度逐渐下降并最终固化，随着温度的下降，这部分材料会出现体积收缩，并影响丝材的实际挤出宽度和挤出速度；另一方面，工作台上已经成形的材料受到传导过来的局部热量影响，会产生热应力和热变形，从而影响工件的打印精度。

实际的熔融沉积是一个很复杂的过程，熔融挤出丝的截面形状和尺寸受到喷嘴直径 d、分层厚度 h、挤出速度 v_E、填充速度 v_F、喷嘴温度、成形室温度、材料黏性系数及材料收缩率等多种因素的影响。挤出的丝材由于受到喷嘴和已堆积材料的约束，其截面是具有一定宽度的扁平形状，如图 5-2 所示。

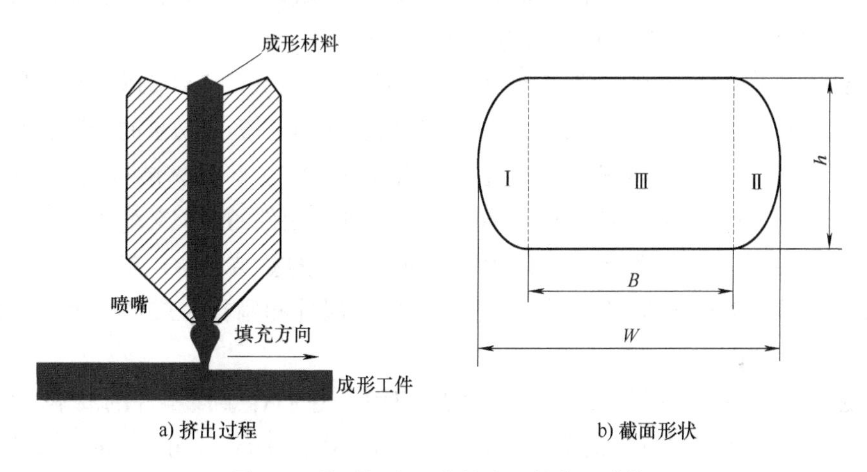

图 5-2 熔融沉积工艺挤出丝的截面形状

当挤出速度 v_E 较小时，挤出截面的形状近似为图 5-2b 中Ⅲ区，宽度为

$$W = B = \frac{\pi d^2}{4h} \times \frac{v_E}{v_F} \tag{5-1}$$

当挤出速度 v_E 较大时，必须考虑图 5-2b 中曲面部分的影响，此时挤出截面的宽度为

$$W = B + \frac{h^2}{2B} \tag{5-2}$$

式中，$B = (\lambda^2 - h^2)/(2\lambda)$，$\lambda = \pi d^2 v_E/(2hv_F)$。

（3）后处理过程产生的影响　FDM 打印出来的零件还需要经过一定的后处理，如去除支撑、打磨、抛光、着色等处理。这些后处理过程都会影响零件的加工精度。通过打磨和抛光，能够去除成形件表面上的毛刺、加工纹路等，降低表面粗糙度值。

5.1.2 其他材料的挤出工艺

1. 复合材料的挤出工艺

复合材料的3D 打印是当前的研究热点，其中挤出工艺是目前应用最为广泛的技术之一。该领域的代表性企业包括美国的 Markforged、Desktop Metal、Stratasys 等公司。

2. 金属材料的挤出工艺

利用挤出工艺进行间接金属 3D 打印是近年来发展很快的一类技术，其实现原理如下：

（1）拉丝　把金属粉末（如不锈钢 316）与黏结材料（通常是某种聚合物，如树脂）充分混合，拉制成为线材。

（2）打印成形　使用 FDM 3D 打印机的喷嘴高温（如 300℃以上）熔化金属混合线材，熔融态物质从喷嘴喷出，层层叠加成形，形成初步的金属制件。

（3）脱脂　把金属制件加热进行脱脂处理，将大部分黏结材料蒸发掉，剩下一些残留的黏结材料使制件保持在一起，此时制件的体积会缩小。

（4）烧结　高温烧结（如 1300℃）去除所有的黏结材料，制件会进一步收缩并形成最终的金属零件。烧结后得到的金属件和刚打印成形的金属件相比，体积收缩很大。

与传统金属 3D 打印工艺相比，利用 FDM 工艺打印金属零件的成本较低，对于企业界有着日益强大的吸引力。美国的 Desktop Metal 公司和 Markforged 公司、深圳升华三维科技有限公司等企业都进行了金属 FDM 技术的研发，并推出了相关的产品。

3. 混凝土材料的挤出工艺

随着技术的发展和成熟，3D 打印工艺在建筑领域日益受到关注，3D 打印建筑不断出现，既有装配式的 3D 打印建筑，也有原位 3D 打印建筑。目前，应用于建筑 3D 打印领域的 3D 打印装置基本上均基于材料挤出原理。混凝土材料的挤出固化打印工艺类似于传统的现场浇筑混凝土结构施工，比较符合现有的建筑模式。混凝土材料挤出打印的典型代表包括轮廓工艺（contour crafting）、D 型工艺（D-shape）和混凝土打印（concrete printing）。轮廓工艺采用多喷嘴挤出混凝土，打印速度快，适于打印大型建筑。混凝土打印采用单喷嘴，打印精度高，打印自由度高，适于打印小型建筑。

4. 食品材料的挤出工艺

为了满足人们饮食的个性化需求，将 3D 打印技术引入食品领域的实例日益增多。3D 打印的食品主要面向有特定需要的人群，如咀嚼有困难的老年人、残障人士、宇航员、运动员、孕妇、儿童等。挤出工艺非常适合食品的 3D 打印，其原理又可分为以下两种：

一种是喷头中带有加热装置，将食品材料在喷头中加热至熔融态后挤出，挤出后的食材在底板上凝固成形。随着食材层层堆叠，最后形成所需的食品形状。巧克力、奶油等食品的 3D 打印材料属于这种类型，通常 3D 打印完成后即可食用。

另一种是喷头没有加热装置，送料装置将食品材料挤出成形。这类食材打印后，通常还需要经过一定的烹饪手段才能食用。

5.2 立体光固化

所谓立体光固化，是指通过光致聚合作用选择性地固化液态光敏聚合物的增材制造工艺。该工艺使用液态的光敏树脂作为原材料，光敏树脂在光源照射下发生化学反应后固化。与材料挤出工艺相比，立体光固化打印的物体表面很光滑，打印精度较高。立体光固化包括若干种具体的光固化技术，各种光固化技术的一个主要区别是光源不同，从激光扫描的立体光固化成形技术，到数字投影的数字光处理技术，再到最新的液晶显示技术。

5.2.1 立体光固化成形（SLA）

立体光固化成形（stereo lithography appearance，SLA），又称立体光刻技术或光固化法，是用激光聚焦到光敏材料表面，使之由点到线，由线到面顺序凝固，然后层层叠加构成三维实体的技术。早在 20 世纪 70 年代末到 80 年代初期，日本名古屋市工业研究所的小玉秀男以及美国 UVP 公司的查尔斯 · 赫尔等人分别提出了相关的思想。查尔斯 · 赫尔发明了 SLA 技术并开发了世界第一台 3D 打印机 SLA-1，于 1987 年正式将 SLA-1 销售成功。1986 年，查尔斯 · 赫尔获得了美国专利（US4575330A），并成立了 3D System 公司。1988 年，3D System 公司基于 SLA 技术生产出商用 3D 打印机 SLA-250。

1. 立体光固化成形的工艺原理

立体光固化成形的工艺原理如图 5-3 所示。树脂槽中盛满液态光敏树脂，激光器（早期采用氦-镉激光器或氩离子激光器，目前普遍采用固体激光器）发射出的激光束在计算机控制下逐点扫描，聚焦光斑扫描到的液态树脂吸收能量后发生光聚合反应并固化，未被照射的区域仍是液态树脂。一层固化完成后，工作台下降一个层厚的高度，使固化好的树脂表面覆盖一层新的液态树脂薄层，刮板将黏度较大的树脂液面迅速刮平。在计算机控制下，聚焦光斑再进行下一层的扫描固化，新固化的一层牢固地黏结在前一层上。如此逐层堆积，直到整个工件制造完毕。

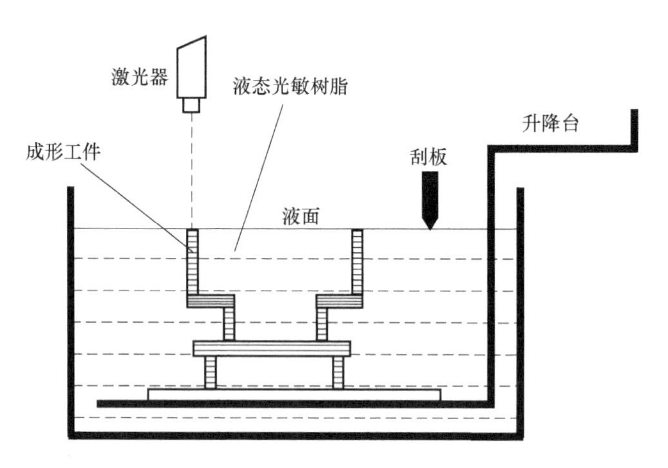

图 5-3　立体光固化成形的工艺原理

工件完全成形后，还需要经过一系列后处理过程：把工件取出并把多余的液态树脂清洗干净，将支撑结构清除掉，把工件放到紫外灯下进行二次固化来提高工件的硬度，最后进行必要的机械加工。

2. 立体光固化成形材料

立体光固化成形的原材料是液态光敏树脂。用于 SLA 技术的液态光敏树脂材料主要有以下一些系列：3D Systems 公司的 Accura 系列、Vantico 公司的 SL 系列、Ciba 公司的 CibatoolSL 系列、DSM 公司的 Somos 系列、Zeneca 公司的 Stereocol 系列、RPC 公司的 RPCure 系列等。

在液态光敏树脂中，加入纳米陶瓷粉末、短纤维等成分构成复合材料，可改变材料的强度、耐热性能等，从而利用立体光固化成形方法实现陶瓷材料、纤维复合材料的打印。

3. 立体光固化成形设备

立体光固化成形设备由激光及振镜系统、平台升降系统、储液箱及树脂处理系统、树脂铺展系统、控制系统等部分组成。

典型的 SLA 设备制造商包括美国的 3D Systems、Formlabs、Stratasys，以及我国的苏州中瑞智创三维科技股份有限公司、上海联泰科技股份有限公司等企业。表 5-2 列出了部分典型的商业化 SLA 设备。

表 5-2 部分典型的商业化 SLA 设备

生产商	型 号	机器尺寸（长×宽×高）/mm	成形尺寸（长×宽×高）/mm	激光器	打印厚度/mm
3D Systems	ProJet 6000HD	787×737×1829	250×250×250	固体激光器 Nd：YVO_4，波长 354.7nm	0.125
	ProJet 7000HD	984×854×1829	380×380×250		
	ProX 800	1600×1370×2260	750×650×550		
	ProX 950	2200× 1600×2260	1500×750×550	双激光器	
Formlabs	Form 2	350×330×520	145×145×175	250mW	0.025～0.2
	Form 3	405×375×530	145×145×185	250mW	0.025～0.3
	Form 3L	775×520×735	300×200×335	2×250mW	0.025～0.3
苏州中瑞智创三维科技股份有限公司	iSLA200	850×750×1050	200×160×150	固体激光器 Nd：YVO_4 波长：354.7nm	正常层厚：0.1 快速制作层厚：0.1～0.15 精密制作层厚：0.05～0.1
	iSLA300	1200×900×1700	300×300×200		
	iSLA450	1450×1050×1850	450×450×300		
	iSLA500	1450×1050×1850	500×400×300		
	iSLA550	1450×1050×1850	500×500×300		
	iSLA660	1600×1300×1900	600×600×300		
	iSLA800	1650×1500×2200	600×800 ×400		
	iSLA880	1500×1400×2200	800×800 ×400		
	iSLA1100	1900×1600×2300	1000×1000×600		
	iSLA1400D	2100×1500×2300	1400×800×600	双激光器	
	iSLA1600D	2550×1600×2350	1600×800×600		
	iSLA1900D	2850×1600×2500	1900×1000×600		
上海联泰科技股份有限公司	Lite 450	1878×1425×2240	450×450×350	固态三倍频率 Nd：YVO_4	0.05～0.25
	Lite 600	2030×1564×2213	600×600×400		0.05～0.25
	Lite 800	2378×1792×2085	800×800×550		0.07～0.25
	G1400	2882×1952×2395	1400×700×500		0.1～0.25
	G1800	3438×1662×2477	1800×900×600		0.1～0.25
	G2100	4130×2720×2770	2100×700×800		0.1～0.25

4. 立体光固化成形的优缺点

与其他成形工艺相比，SLA 技术具有制件表面质量好，成形精度高，成形速度较快等优点。SLA 技术也存在如下的缺点：

1）可使用的材料种类少。目前可使用的材料主要是液态光敏树脂。液态树脂固化后较脆，而且强度、刚度、耐热性不好，不利于长时间保存。

2）与 FDM 系统相比，SLA 系统造价较高，使用和维护成本高。

3）液态树脂具有气味和毒性，并且需要避光保存，以防止其提前发生聚合反应，选择时有局限性。

4）制件需要二次固化。在激光扫描过程中，尽管树脂已经发生聚合反应，但只是完成部分聚合作用，零件中还有部分液态的残余树脂未完全固化，需要二次固化，导致后处理过程相对烦琐。

5. 立体光固化成形的精度分析

影响光固化成形精度的因素很多：前期数据处理过程产生的误差；光固化成形过程中机器设备本身存在的误差，激光扫描方式相关的误差，以及光敏树脂的固化收缩特性引起的误差等；成形后处理过程产生的误差。

光固化成形过程中，液态光敏树脂在固化过程中会发生体积收缩，收缩使工件内产生内应力。沿层厚从正在固化的层表面向下，随固化程度不同，层内应力呈梯度分布。在层与层之间，新固化层收缩时要受到已固化层的限制。层内应力和层间应力的联合作用使工件产生翘曲变形，影响成形精度。固化层越厚，则固化的体积越大，层间的应力越大。

光固化成形过程的扫描方式与成形工件的内应力有密切的关系。合适的扫描方式可减少零件的收缩量，避免翘曲和扭曲变形，提高成形精度。在光固化成形过程中，所用的是具有一定直径的光斑，实际得到的形状是光斑运动路径上一系列固化点的包络线。如果光斑直径较大，则会丢失较小尺寸的零件特征。例如，在进行轮廓拐角扫描时，拐角特征很难成形出来，如图 5-4 所示。因此，聚焦到液面的光斑直径大小及光斑形状会直接影响光固化成形的精度。

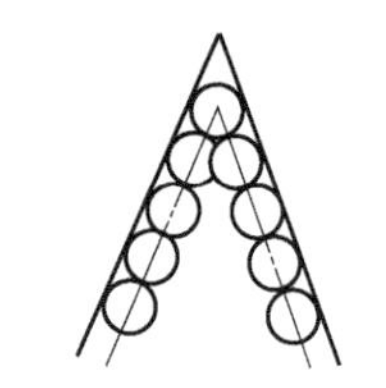

图 5-4　轮廓拐角处的扫描

在光固化成形的后处理中，需要去除支撑和进行二次固化。这些过程都会产生误差，影响工件的加工精度。

光固化成形过程中，树脂的固化尺寸与加工精度密切相关。光固化成形过程中，激光束的能量分布通常符合高斯分布。沿着光束轴线 z 方向，光敏树脂

对激光的吸收服从 Beer- Lanbert 定律，激光强度 $I(x, y, z)$ 沿照射深度成负指数衰减，即

$$I(x,y,z) = \left(\frac{2P}{\pi\ \omega_0^2}\right)e^{-\frac{2r^2}{\omega_0^2}}e^{-\frac{z}{D_p}} \tag{5-3}$$

式中，P 是激光功率；ω_0是光斑特征半径，即激光束光强度值 $1/e^2$（约 13.5%）处的半径；r 是与光束中心（x_0，y_0）的距离，即 $r = \sqrt{(x-x_0)^2+(y-y_0)^2}$；$D_p$是光在树脂中的透射深度。

光固化成形过程中，当激光束在垂直于光束轴线 z 的 xy 平面内，沿 x 轴方向以速度 v 扫描光敏树脂时，根据树脂各部分的光强度 $I(x-vt, y, z)$ 可以进一步计算出相应位置的曝光量，$E(x, y, z)$，即

$$\begin{aligned}
E(x,y,z) &= \int_{-\infty}^{+\infty} I(x-vt,y,z)\,dt \\
&= \int_{-\infty}^{+\infty}\left(\frac{2P}{\pi\omega_0^2}\right)e^{-\frac{2v^2t^2+2y^2}{\omega_0^2}}e^{-\frac{z}{D_p}}dt \\
&= \left(\frac{2P}{\pi\omega_0^2}\right)e^{-\frac{z}{D_p}}\int_{-\infty}^{+\infty} e^{-\frac{2v^2t^2+2y^2}{\omega_0^2}}dt \\
&= \left(\frac{2P}{\pi\omega_0^2}\right)e^{-\frac{2y^2}{\omega_0^2}}e^{-\frac{z}{D_p}}\int_{-\infty}^{+\infty} e^{-\frac{2v^2t^2}{\omega_0^2}}dt \\
&= \sqrt{\frac{2}{\pi}}\left(\frac{P}{\omega_0 v}\right)e^{-\frac{2y^2}{\omega_0^2}}e^{-\frac{z}{D_p}}
\end{aligned} \tag{5-4}$$

在式（5-4）的计算过程中，需要用到高斯积分公式，即 $\int_{-\infty}^{+\infty} e^{-x^2}dx = \sqrt{\pi}$。

当液态树脂的曝光量达到临界曝光量 E_c，即 $E(x,y,z) = E_c$时，液态树脂开始发生聚合反应并固化。此时根据式（5-4）可得

$$\frac{2y^2}{\omega_0^2} + \frac{z}{D_p} = \ln\left(\sqrt{\frac{2}{\pi}}\frac{P}{\omega_0 vE_c}\right) \tag{5-5}$$

式（5-5）是抛物线方程，表明光固化过程得到抛物线圆柱体的形状。当激光束以一定速度沿 x 轴方向扫描后，光固化后生成的抛物线形状如图 5-5 所示。根据式（5-5），当 $y=0$ 时，计算出的 z 值就是固化深度 C_d；当 $z=0$ 时，计算出的 y 值就是一半的固化宽度 L_w。

$$C_d = D_p\ln\left(\sqrt{\frac{2}{\pi}}\frac{P}{\omega_0 vE_c}\right) \tag{5-6}$$

$$L_w = 2\omega_0\sqrt{\frac{\ln\left(\sqrt{\frac{2}{\pi}}\frac{P}{\omega_0 vE_c}\right)}{2}} = 2\omega_0\sqrt{\frac{C_d}{2D_p}} \tag{5-7}$$

式（5-6）和式（5-7）表明，固化深度和固化宽度受到激光特性、树脂特性及加工参数等多种因素的影响。

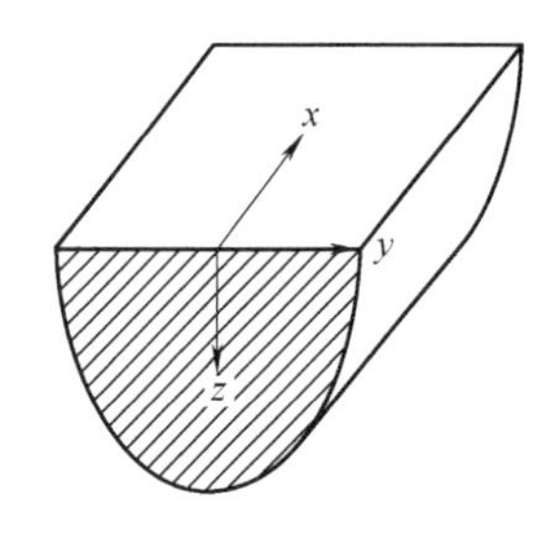

图 5-5　光固化后生成的抛物线形状

5.2.2　数字光处理（DLP）

数字光处理（digital light processing，DLP）技术与立体光固化成形技术有相似之处，原材料也是液态光敏树脂，工作原理也是基于液态光敏树脂在光照下固化的特性。但 DLP 技术是基于美国德州仪器公司开发的数字微镜器件（digital micromirror device，DMD）作为关键处理元件，来完成数字光学处理过程。DMD 位于紫外光发光灯的光路和树脂之间，是一种动态掩模，由一系列旋转的微米尺寸镜面组成。通过控制微镜面不同角度的偏转，完成对光的调制，实现各层内不同位置处的光照差异，进而固化出各层的不同形状。DLP 技术使用的数字光源以面光的形式来固化液态树脂，逐层对液态树脂进行固化，如此循环往复，直到最终模型完成。可以说，DLP 技术是对 SLA 技术的发展，SLA 打印只能由点到线再到面，打印速度较慢，而 DLP 技术可以直接成形一个面，大大提高了打印速度。

DLP 技术的工艺原理如图 5-6 所示。其中包含一个用于盛放树脂的液槽，DLP 成像系统置于液槽下方，其成像面正好位于液槽底部。通过能量及图形控制，每次可固化一定厚度及形状的薄层树脂。液槽上方设置一个提拉机构，每次截面曝光完成后向上提拉一定高度（该高度与分层厚度一致），使当前固化完成的固态树脂与液槽底面分离，并与上一次成形的树脂层黏结，同时固化好的树脂表面覆盖一层新的液态树脂薄层。这样通过逐层曝

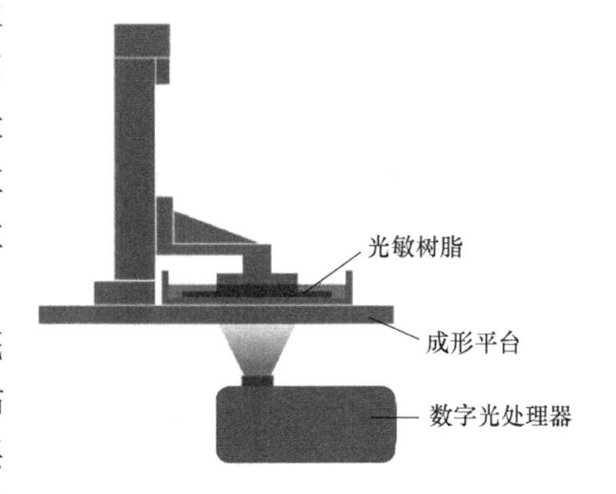

图 5-6　DLP 技术的工艺原理

光和提升来生成三维实体。

DLP 技术具有与 SLA 技术类似的优点，如成形精度高，质量好，成形物体表面光滑，材质好，纹路清晰，极具质感的视觉效果等。由于 DLP 技术采用面曝光方式，每次直接成形一个面，所以 DLP 技术的成形速度比 SLA 技术更快。

DLP 技术也存在与 SLA 技术类似的一些缺点：

1）DLP 的液态树脂材料较贵，成形后制件的强度、刚度、耐热性有限，且光敏树脂易因变硬、变脆而发生断裂，不利于长期保存，易造成材料浪费。

2）DLP 的液态树脂材料具有一定的毒性。

3）打印时需要支撑结构。

目前，在 DLP 技术方面最具代表性的企业是德国的 EnvisionTEC 公司，我国多家企业也推出了自主研发的 DLP 3D 打印机。

5.2.3 数字光合成（DLS）

2013 年，美国北卡罗来纳大学的化学教授 Joseph DeSimone 成立了 Carbon 公司；2014 年，Carbon 公司申请了连续液面制造（continuous liquid interface production，CLIP）工艺专利；2015 年 3 月 20 日，《Science》杂志封面报道了 Joseph DeSimone 教授带领团队开发的 CLIP 技术。

CLIP 技术后来更名为数字光合成（digital light synthesis，DLS）技术。该技术采用紫外光照射光敏树脂，使液体树脂聚合为固体，从而打印成形。如图 5-7 所示，DLS 技术主要依赖于一种特殊的既透明又透气的窗口——透氧聚四氟乙烯窗口，该窗口能够同时允许光线和氧气通过。氧气是光敏树脂的阻聚物，能够在树脂内营造一个光固化的盲区，这种盲区最小可达几十微米厚。盲区里的树脂由于接触氧气而不发生光聚合反应，与此同时，光线会固化那些没有暴露在氧气里的液态树脂。通过合理调整氧气量和氧气进入树脂池的时间，以及光照强度和树脂的光敏固化率，就可以在保证精度的同时实现快速 3D 打印。这项技术的突出优势是打印速度快度，比传统的 3D 打印技术要快几十倍。

传统 3D 打印零件因为层状结构，其力学性能呈各向异性，而 DLS 技术生产的零部件力学性能在各个方向保持一致，性能大大改善。

2016 年初，Carbon 公司推出了首款采用 DLS 技术的 3D 打印机 M1，打印尺寸是 141mm（长）×79mm（宽）×326mm（高），打印机的分辨率是 75μm。2017 年，Carbon 公司推出了可连续进行大规模打印生产的 3D 打印机 M2，打印尺寸为 189mm（长）×118mm（宽）×326mm（高）。2019 年，Carbon 公司发布了全新的高速量产 3D 打印机 L1，L1 打印机的体积是 M1 打印机体积的 10 倍，是 M2 打印机体积的 5 倍，成形面积可达到 $1000cm^2$（40cm × 25cm）。Carbon 公司与阿迪达斯公司合作，采用 DLS 技术生产运动鞋 Futurecraft 4D、AlphaEDGE 4D，其中的 4D 是指阿迪达斯公司累积的大量运动员数据。截至 2018 年年底，阿迪达斯公司已经生产了超过 10 万双 4D 运动鞋。Riddell 公司和 Carbon 公司合作，开发定制了 3D 打印头盔内衬垫并推向市场，如图 5-8 所示。

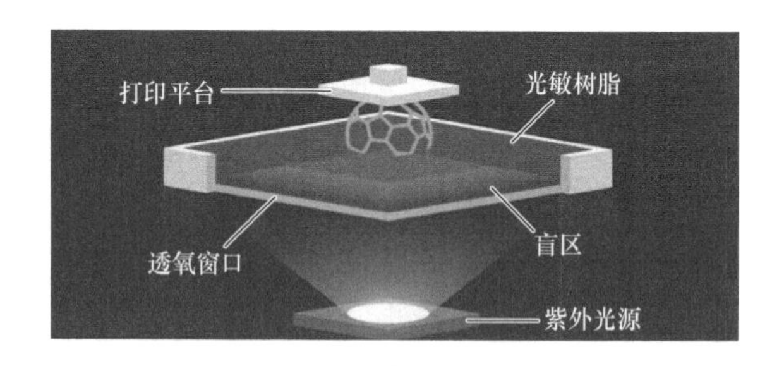

图 5-7　DLS 技术的工艺原理

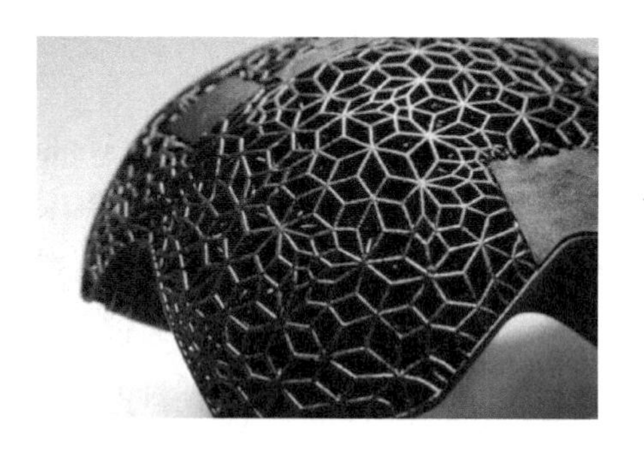

图 5-8　Carbon 公司 3D 打印的头盔内衬垫

5.2.4　液晶显示技术（LCD）

液晶显示技术（liquid crystal display，LCD）是近几年开始出现的新兴光固化技术，该技术使用液晶显示屏作为光源，使光固化的成本大大降低。其工作原理是利用液晶显示屏成像原理，在计算机及显示屏电路的驱动下，由计算机程序提供图像信号，在显示屏上出现选择性的透明区域，光线穿过透明区域，照射树脂槽内的光敏树脂进行曝光固化。每一层固化结束后，平台托板将固化部分提起，让液态树脂补充回流并再次固化。由此逐层固化打印出三维实体。

LCD技术具有如下的优点：

1）打印精度高，可媲美SLA技术及DLP技术的打印精度。

2）采用面成形光源，每次成形一个面。

3）打印机价格便宜，性价比极其突出。

4）没有激光振镜或者投影模块，结构简单，容易组装和维修。

LCD技术的缺点如下：

1）打印尺寸小，不能一体成形打印体积大的模型。

2）对于采用紫外光的LCD技术而言，其关键部件是液晶显示屏，对液晶显示屏的透光性能、散热和耐温性能等都有一定的要求。因此，液晶显示屏可选范围很少，而且在紫外光照射下液晶显示屏的使用寿命相对较短。

目前，深圳市创想三维科技有限公司、深圳市纵维立方科技有限公司等多家企业都推出了基于LCD技术的3D打印机。

5.2.5　其他一些快速光固化技术

任何3D打印工艺都在设法提高加工精度和加工速度，光固化技术领域尤其如此。光固化3D打印技术提高打印速度的主要限制因素是热量。由于光固化3D打印机在高速运行时会产生大量热量，这不仅会导致高的表面温度，还易导致打印零件的破裂和变形。速度越快，打印机产生的热量就越大。目前出现的一些快速光固化技术包括：

2016年4月，3D Systems推出了模块化高速3D打印机Figure 4系统。此系统融合了机器人和自动化技术，生产率远高于普通的树脂3D打印系统。Figure 4与其他3D打印机最大的区别就是将机械臂作为打印的末端平台。由此带来的最大好处就是大幅简化了整个3D打印流程，显著提高了生产率。

北京清锋时代科技有限公司（LuxCreo）是我国较早从事高速光固化3D打印技术研发的公司。该公司自主开发了高速3D打印技术“LEAP™”，将量产工业高速3D打印机TriX系列。TriX系列的打印尺寸范围为190mm×120mm×420mm，最高打印速度为120cm/h，能适用多种不同材料，可以实现批量化定制生产。

北京金达雷科技有限公司（UNIZ）采用自主研发的单向剥离技术（uni-directional peel，UDP），开发的桌面级超高速光固化3D打印机SLASH系列和工业级3D打印机SLTV系列，均采用LCD实现光固化。目前SLASH系列包括6款光固化3D打印机，SLTV系列有SLTV15和SLTV23两款3D打印机。

成立于 2016 年的塑成科技（北京）有限责任公司（简称塑成科技）自主研发了数字光子制造（digital photonic manufacturing，DPM）技术。该技术采用开创性的双重固化制造工艺和可编程液态树脂。塑成科技于 2019 年 10 月，发布了商业化工业级高速光固化 3D 打印机 Type E + 及多款材料。

2019 年 10 月 18 日，美国西北大学的学者在《Science》发表的论文中提出了大面积快速打印（high- area rapid printing，HARP）技术，并成立了 Azul 3D 公司。

以色列 Massivit 3D 公司推出的凝胶打印技术具有很快的打印速度，能够打印大尺寸的 3D 物体。德国 EnvisionTEC 公司推出了连续数字光制造（continuous digital light manufacturing，CDLM）技术。美国 Nexa 3D 公司推出了润滑油子层光固化（lubricant sublayer photocuring，LSPc）技术。

其他一些机构，如美国劳伦斯利弗莫尔国家实验室、上海普利生机电科技有限公司等，也都从事快速光固化技术和设备的研发。

部分快速光固化技术与设备见表 5-3。

表 5-3　部分快速光固化技术与设备

生产商	型　号	技术	成形尺寸（长×宽×高）/mm	层厚/mm	打印速度/（mm/h）
北京清锋时代科技有限公司	TriX 系列	LEAP	190×120× 420		1200
北京金达雷科技有限公司	SLASH DJ2	LCD	120×68×200	0. 01 ~0. 3	200
	SLASH 2	LCD	192×120×200		200
	SLASH PLUS	LCD	192×120×200		200
	SLASH PRO	LCD	192×120×400		200
	zSLTV-23	LCD	527. 04×296. 46×740		200
	SLASH PLUS UDP	LCD 、UDP	192×120×200		200
	SLASH PRO UDP	LCD 、UDP	192×120×400		600（UDP 模式）
	zSLTV-15	LCD 、UDP	345. 6×194. 4×400		
上海普利生机电科技有限公司	Rapid 200	LCD	190×110×300	0. 025 ~0. 1	200g/h
	Rapid 400	LCD	384×216×384	0. 05 ~0. 1	1000g/h
	Rapid 600	LCD	576×324×580	0. 05 ~0. 1	1500g/h
Massivit 3D	Massivit 1500	凝胶打印	1470×1160×1370		350
	Massivit 1800		1450×1110×1800		
	Massivit 1800 Pro		1450×1110×1800		

（续）

生产商	型　号	技术	成形尺寸（长×宽×高）/mm	层厚/mm	打印速度/（mm/h）
EnvisionTEC	Envision One CDLM Mechanical	DLP、CDLM	180×101×175	0.05～0.15	45
Nexa 3D	NXE 400	LSPc	270×160×400		600

5.3　薄材叠层

所谓薄材叠层，是指将薄层材料逐层黏结以形成实物的增材制造工艺。该工艺使用片材作为原材料，通过加热、化学反应或超声连接等方式，使各层的片材相结合形成三维工件。最后，通过去除废料、烧结、渗透、打磨、机械加工等方式，来提高工件表面的质量。

5.3.1　叠层实体制造（LOM）

叠层实体制造（laminated object manufacturing，LOM），又称分层实体制造或薄形材料选择性切割，最早由 Michael Feygin 于 1984 年提出。Michael Feygin 于 1985 年组建了 Helisys 公司，于 1990 年推出第一台商业机 LOM-1015。Helisys 公司在 2000 年倒闭，其技术由 Cubic Technologies 公司接替。此外，日本的 Kira 公司、瑞典的 Sparx 公司、新加坡的 Kinergy 公司、我国的华中科技大学和清华大学等单位都从事过 LOM 工艺的研究与设备的开发。

1. 叠层实体制造的工艺原理

LOM 的工艺原理如图 5-9 所示。采用片材（如纸、塑料薄膜等）作为原材料，片材表面事先涂覆上一层热熔胶。加工时，供料机构将片材送至工作区域，热压辊热压片材，使之与下面已成形的工件黏结在一起。用激光器在刚黏结的新层上切割出零件截面轮廓和外框，并将截面轮廓与外框之间多余的区域切割成上下对齐的网格，以便后处理过程顺利剔除废料。激光切割完一层后，升降工作台带动已成形的工件下降一定高度，然后供料机构带动片材移动，使新层移到加工区域，工作台再缓慢上升到加工位置，开始新的工作循环。在新的工作循环中，对新的一层进行热压、黏结和切割。如此反复直至完成零件所有截面的黏结和切割，得到分层制造的实体零件。

2. 叠层实体制造的成形材料

叠层实体制造的成形材料由薄片材料和热熔胶两部分组成。

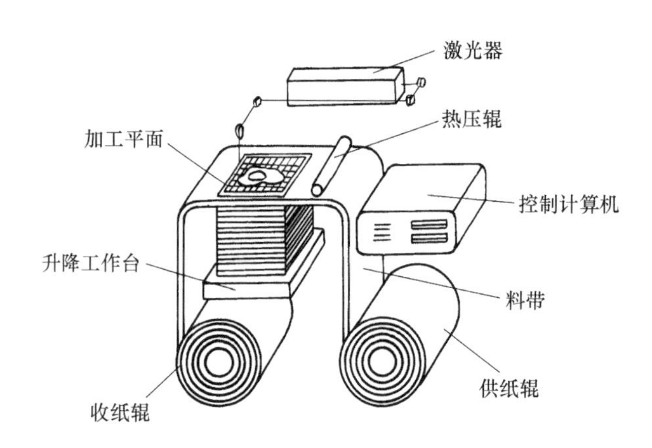

图 5-9　LOM 的工艺原理

薄片材料包括纸片材、塑料薄膜、陶瓷片材、金属片材、复合材料片材等。LOM 工艺中的薄片材料应具备以下性能：良好的抗湿性、浸润性、抗拉强度，较小的收缩率，较好的剥离性能，良好的稳定性。目前，LOM 工艺中最广泛应用的材料是纸基片材。

LOM 工艺中的热熔胶包括乙烯-乙酸乙烯共聚物型热熔胶、聚酯类热熔胶、尼龙类热熔胶等。

3. 叠层实体制造的优缺点

LOM 工艺具有以下优点：

1）成形效率高，适于制造大型零件。与其他以点或线为基本成形单位的 3D 打印工艺不同，LOM 以截面作为基本成形单位，具有很高的成形效率，适于制造内部结构简单的大型零件。

2）原材料成本低。LOM 工艺采用纸张、塑料薄膜等片材作为原材料，成本较低。

3）不需要设计支撑。FDM 和 SLA 工艺都需要设计支撑，但 LOM 工艺不需要支撑。

LOM 工艺也存在如下的缺点：

1）材料利用率低，各截面内无用的部分成为废料。除掉废料的过程不仅耗时，也对产品的质量产生不良影响。

2）制件的抗拉强度和弹性都比较差。

3）纸基材料易吸湿膨胀，成形后须尽快进行表面防潮处理，如用树脂对制件表面进行表面喷涂处理等。

4）制件表面有台阶纹，其高度为材料的厚度（通常为 0.1mm），因此表面质量相对较差。制作复杂的构件时，成形后应进一步进行表面打磨、抛光等后处理。

4. 叠层实体制造的发展

爱尔兰 Mcor 公司几年前推出了三款采用叠层实体制造技术的 3D 打印机，包括两款工业级的纸原料 3D 打印机 IrisHD 和 Matrix300 +，以及一款桌面级 3D 打印机 Arke。Mcor 公司的 3D 打印机使用标准复印纸为原材料，采用 Mcor 公司已获得专利的选择性沉积层压（selective deposition lamination，SDL）技术打印物体，采用金属刀片对纸张进行切割。通过在设备中集成一个喷墨打印头，可以将彩色墨水喷到每一个纸层上，从而能够打印出彩色物体。2019 年 11 月，Mcor 公司的知识产权和所有资产被另外一家成立于爱尔兰的新公司 CleanGreen3D 收购，该公司基于选择性沉积层压技术推出全彩环保的 3D 打印机 CG-1。

5.3.2　超声波增材制造（UAM）

1. 超声波增材制造的工艺原理

超声波增材制造（ultrasonic additive manufacturing，UAM），也称为超声波固结（ultrasonic consolidation，UC）成形，其工艺原理如图 5-10 所示。超声波增材制造本质上就是超声波焊接，即利用超声波振动所产生的能量使两个需要焊接的薄材表面摩擦并生热，促使界面间金属原子相互扩散并形成固态冶金结合，实现金属薄材的固态连接。

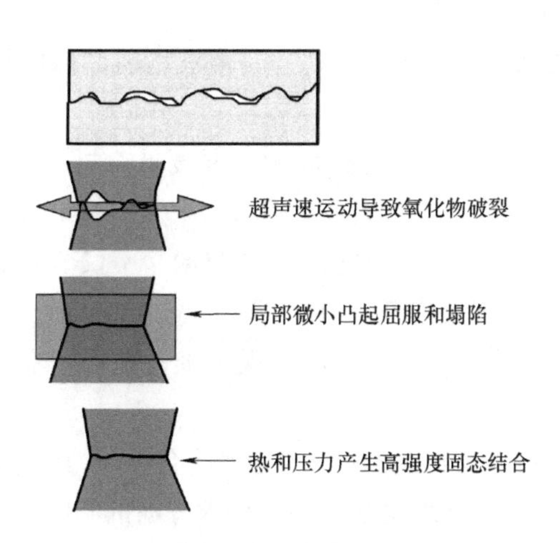

图 5-10　超声波增材制造的工艺原理

超声波增材制造的关键设备是大功率超声波换能器。美国通过将两个换能器串联，成功制造出 9kW 的大功率超声波换能器，使得超声波焊接技术能够对金属薄材进行大面积快速固结成形，奠定了超声波增材制造技术的基础，如图 5-11 所示。在研发大功率超声波换能器的基础上，美国开发了超声波增材制造设备，位居世界前列。美国 Fabrisonic 公司已开发了若干种超声波增材制造设备：SonicLayer R200、SonicLayer 4000、SonicLayer 7200，以及最新开发的 SonicLayer 1200。其中，SonicLayer 7200 的设备功率达到 9kW，工作空间可达 1800mm×1800mm×900mm；而新开发的 SonicLayer 1200 则是一款小型设备，可用于工业和学术界的研发，以及空间制造等领域。

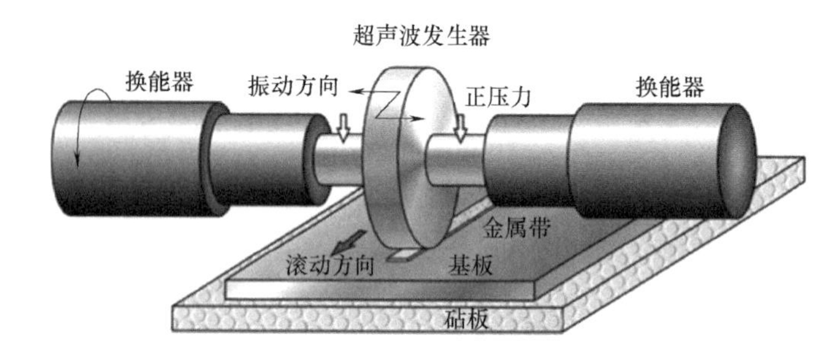

图 5-11　超声波增材制造示意图

2. 超声波增材制造的优缺点

作为一种金属增材制造技术，超声波增材制造具有以下优点：

1）原材料是一定厚度的金属带材，如铝带、铜带、钛带、钢带等，材料来源广泛，价格低廉。

2）与其他金属增材制造技术相比，超声波增材制造的打印尺寸大，打印速度快。

3）超声波增材制造是固态连接成形，温度低，材料内部的残余应力低，结构稳定性好，成形后无须进行去应力退火。

4）超声波增材制造是一种节能环保的技术，不仅节省能源，而且不产生废渣、粉尘、污水、有害气体等废物污染。

5）该技术与数控系统相结合，可实现三维复杂形状零件的增材制造与数控加工的复合制造。

6）超声波固结可以获得近 100% 的物理冶金界面结合率。

目前超声波增材制造技术也存在一些技术方面的问题：

1）受到超声波换能器功率的制约，实际输出的超声能量难以大幅提高。

2）超声波发生器的频率一般在 20kHz 左右，容易引起共振，共振会导致工件基板与上层金属薄材的摩擦显著减弱。

3）超声波增材制造过程需要适当的压力，而在制造大面积的悬垂结构时，缺乏支撑将导致压力无法施加，从而加大制造的难度。因此，超声波增材制造对悬垂结构的尺寸有严格的要求。

3. 超声波增材制造的应用

超声波增材制造技术可用于金属叠层复合材料和结构、金属泡沫、金属蜂窝夹芯结构面板等金属零部件的快速制造，而且由于超声波增材制造过程是低温固态物理冶金反应，所以可以把功能元器件植入其中，制备出智能结构和零部件。因此，除了用于大型板状复杂结构零部件以外，超声波固结成形装备还可用于制造叠层封装材料、叠层复合电极，并且采用这些材料及后处理工艺，可制作精密电子元器件封装结构和复杂的叠层薄壁结构件。由此可见，超声波增材制造技术在航空航天、国防、能源、交通等领域应用前景广阔。

5.4　材料喷射

所谓材料喷射，是指将材料以微滴的形式按需喷射沉积的增材制造工艺。该工艺常用的原材料包括液态光敏树脂、熔融状态的蜡、生物分子、活性细胞、熔融的金属等，各层之间通过热黏结或化学反应黏结形成三维形状。不同3D打印公司对材料喷射技术的称呼不同，如Stratasys公司称为聚合物喷射成形（photopolymer jetting，PolyJet）技术，3D Systems公司称为多喷嘴打印（multi-jet printing，MJP）技术，但其技术原理是相通的，都属于材料喷射成形。

5.4.1　聚合物喷射（PolyJet）

PolyJet是聚合物喷射（photopolymer jetting）技术的简称，该技术是以色列Objet Geometries公司于2000年初推出的专利技术。2008年，Objet Geometries公司基于聚合物喷射技术推出能够同时打印几种不同原料的多种材料3D打印机Connex500。2012年，Objet Geometries公司并入Stratasys公司。

1. 聚合物喷射技术的工艺原理

聚合物喷射系统的结构如图5-12所示。其原理与喷墨打印机类似，不同的是喷头喷射的不是墨水而是液态的光敏树脂。打印过程中，喷射打印头（喷头）沿xy平面运动，将液态的光敏树脂喷射到工作台上。紫外光灯沿着喷头工作的方向发射出紫外光，对液态光敏树脂进行固化。完成一层的喷射打印和固化后，工作台下降一个成形层厚，喷头继续喷射液态光敏聚合材料进行下一层的打印和固化。重复以上过程，直到完成整个工件的打印。打印过程完成后，将支撑结构去除，部件即可使用，无须二次固化。

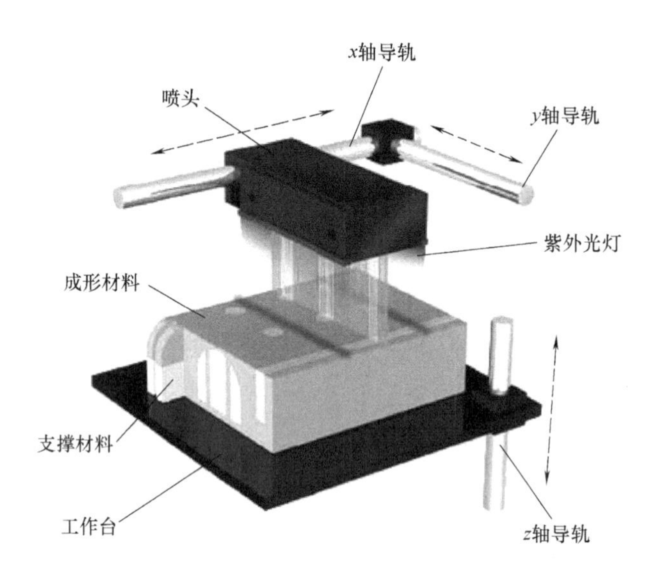

图 5-12　聚合物喷射系统的结构

在聚合物喷射成形过程中需要用到两种光敏树脂材料，一类是打印实体的树脂材料，另一类是打印支撑结构的树脂材料。聚合物喷射成形技术使用的光敏树脂多达数百种，从类橡胶材料到刚性材料，从类聚丙烯材料到耐高温材料，从透明材料到不透明材料，从无色材料到彩色材料，从标准等级材料到生物相容性材料，以及适用于牙科及医学行业进行 3D 打印的专用光敏树脂。打印过程结束后，支撑结构可通过水枪去除或溶解去除，然后零件便可使用，无须二次固化。Stratasys 公司针对 PolyJet 技术开发的支撑材料，包括剥离性支撑材料 SUP705 和水溶性支撑材料 SUP706、SUP707。

基于聚合物喷射技术的 3D 打印机分为两类，分别是一次喷射一种基本树脂的单材料打印机、能够同时喷射多种基本树脂的多材料打印机。多材料打印机使用多喷头技术，可以通过多种材料的混合打印得到性能更为优异的新材料，实现多材料、多色彩打印。目前，Stratasys 公司基于聚合物喷射技术推出了多款 3D 打印机，见表 5-4。其中最新推出的 J8 系列打印机能够同时装载 7 种材料，通过三原色树脂材料的混合，能够打印出超过 50 万种的颜色，打印出的材料可具有不同的纹理、透明度和软硬度。

表5-4 基于聚合物喷射技术的3D打印机

型号	成形尺寸 (长×宽×高)/mm	最小 层厚/μm	打印材料
Objet24	234×192×148.6	28	刚性不透明材料VeroWhitePlus
Objet30	234×192×148.6	28	Vero系列刚性不透明材料、类聚丙烯材料
Objet30 Pro	234×192×148.6	28	Vero系列刚性不透明材料、类聚丙烯材料、透明材料、耐高温材料
Objet30 Prime	234×192×148.6	28	Vero系列刚性不透明材料、类聚丙烯材料、透明材料、耐高温材料、类橡胶材料、生物相容性材料
Objet Eden260VS	255×252×200	16	Vero系列刚性不透明材料、类橡胶材料、透明材料、类聚丙烯材料、耐高温材料、生物相容性材料
Objet260 Connex1	255×252×200	16	Vero系列刚性不透明材料、类橡胶材料、透明材料、类聚丙烯材料、耐高温材料、生物相容性
Objet500 Connex1	490×390×200	16	
Objet260 Connex3	255×252×200	16	Vero系列刚性不透明材料、类橡胶材料、透明材料、类聚丙烯材料、耐高温材料、生物相容性材料、数字材料(混合3种基本树脂)
Objet350 Connex3	342×342×200	16	
Objet500 Connex3	490×390×200	16	
Objet1000 Plus	1000×800×500	16	Vero系列刚性不透明材料、透明刚性材料、类橡胶材料、类聚丙烯材料
Stratasys J55	最大打印面积1174cm^2	18	Vero系列不透明材料、透明材料、数字材料(混合5种基本树脂)
Stratasys J735	350×350×200	14	Vero系列不透明材料、类橡胶材料、透明材料、数字材料(混合6种基本树脂)
Stratasys J750	490×390×200	14	
Stratasys J826	255×252×200	14	Vero系列不透明材料、类橡胶材料、透明材料、超高速材料、数字材料(混合7种基本树脂)
Stratasys J835	350×350×200	14	
Stratasys J850	490×390×200	14	

2. 聚合物喷射技术的优缺点

聚合物喷射技术具有以下优点:

1)打印精度高。聚合物喷射技术使用的激光半径小,所以具有较高的打印精度。目前,Stratasys公司基于聚合物喷射技术的3D打印机J750/J850,可达到14μm的层厚度和0.2mm的精度。

2）用途广泛。打印材料品种多样，可同时喷射不同材料，实现多种材料、多种颜色的混合打印，能够实现工件不同材质、不同颜色、不同透明度、不同刚度等多种需要。因此，聚合物喷射技术应用前景广泛，在航空航天、汽车、建筑、军工、消费品、医疗等行业具有很好的应用前景。

聚合物喷射技术也存在以下缺点：

1）工件力学性能较低。由于成形材料是树脂，工件成形后强度、耐久度不高。

2）耗材成本相对高。使用 Stratasys 公司的专用光敏树脂材料作为耗材，成本相对偏高，尤其是制作大型样件时成本更高。

5.4.2 纳米颗粒喷射（NPJ）

以色列 XJet 公司在 2016 年开发了一项新的材料喷射技术——纳米颗粒喷射（nano particle jetting，NPJ）技术。该技术采用超细的纳米级颗粒制成纳米颗粒悬浮液，将悬浮液作为液态墨水，颗粒以悬浮态分布在液态墨水中。3D 打印机有上万个喷嘴，这些喷嘴同时喷射液态墨水，每秒沉积的液滴数量可达到数亿个。喷射完成后，通过高温烧结过程将液体蒸发掉，形成致密的零件。目前，该技术既能够使用纳米级金属颗粒悬浮液构成的液态金属墨水实现金属 3D 打印，也能够通过喷射纳米级陶瓷墨水进行陶瓷材料 3D 打印。由于纳米级金属粉末非常细，所以采用该技术 3D 打印的零件的表面质量和精度都很高，但纳米材料成本太高是制约该技术发展的重要问题。

基于纳米颗粒喷射技术，XJet 公司已推出两款 3D 打印机，分别是 Carmel 700（成形尺寸为 500mm × 140mm × 200mm）和 Carmel 1400（成形尺寸为 500mm × 280mm × 200mm）。其中，金属 3D 打印机的型号是 Carmel 700M 和 Carmel 1400M（M 表示 Metal，即金属），陶瓷 3D 打印机的型号是 Carmel 700C 和 Carmel 1400C（C 表示 Ceramic，即陶瓷）。

5.4.3 其他一些材料喷射技术

光学打印技术（Printoptical）是荷兰 LUXeXcel 公司发明的一项 3D 打印技术。该技术基于聚合物喷射原理，能够被紫外光固化的透明聚合物液滴喷射出来后，被集成在打印头上的强紫外光灯固化，最终打印出各种各样的几何形状，包括透明棱镜、透镜等。LUXeXcel 公司使用光学打印技术制造功能性光学部件，如定制化的镜片等，打印出来的光学部件不需要进行抛光、研磨、着色等后处理。

此外，3D Systems、Stratasys 等公司都开发了以蜡作为原材料，能够通过喷射热蜡滴进行 3D 打印的技术和设备。

5.5 黏结剂喷射

所谓黏结剂喷射，是指选择性地喷射沉积液态黏结剂黏结粉末材料的增材制造工艺。该工艺的原材料是各种粉末状材料（包括高分子材料、金属材料、无机非金属材料等），通过喷射液态黏结剂将粉末材料层层黏结形成三维实体。近年来，黏结剂喷射技术引起人们的广泛关注，无论在金属 3D 打印领域，还是在非金属 3D 打印领域都获得了日益广泛的应用，HP、3D Systems、Voxeljet、ExOne、Desktop 等多家公司都提出了具有自身特色的黏结剂喷射技术，并开发了相应的设备。

5.5.1 三维印刷（3DP）

三维印刷（three-dimension printing，3DP）技术由美国麻省理工学院的 Emanuel M. Sachs 于 1993 年发明，该技术是代表性的黏结剂喷射技术。1995 年，麻省理工学院把 3DP 技术授权给 Z Corporation 公司进行商业开发。2012 年，3D Systems 公司收购了 Z Corporation 公司，随后将该技术重新命名为彩色喷射打印（color jet printing，CJP）。

1. 3DP 工艺原理

3DP 的工艺原理如图 5-13 所示。首先铺设一层粉末，然后喷头按照工件切片的轮廓形状移动，在铺好的粉末材料上有选择性地喷射黏结剂，喷过黏结剂的粉末材料被黏结在一起，其他地方仍为松散粉末。随后工作台下降一个层厚的高度，再在已成形工件表面铺设和平整新的粉层，然后开始进行下一层的黏结过程。重复各层黏结的过程，直至工件完全成形，最后去除未黏结的松散粉末就得到了三维实体。

由于 3DP 工艺用黏结剂将材料逐层黏结，得到的制品强度较低，还须通过后处理过程进行固化，以提高工件的致密度、强度和表面色彩还原度。

2. 3DP 成形材料

3DP 工艺采用的粉末材料包括三部分：基体材料、黏结材料和添加材料。基体材料的类型很多，包括陶瓷粉末、金属粉末、型砂粉末、石膏粉末、塑料粉末等。黏结材料可采用聚乙烯醇（PVA）、麦芽糖糊精、硅酸钠等粉末。添加材料用于改进打印过程和打印后工件的性能。颗粒状的黏结材料、基体材料和添加材料相互混合，将黏结剂喷射到粉末上后，黏结材料被溶解并发挥黏结作用，将粉末材料黏结成一体。粉末颗粒的大小、形状、密度等特性影响着打印过程和打印后工件的性能。

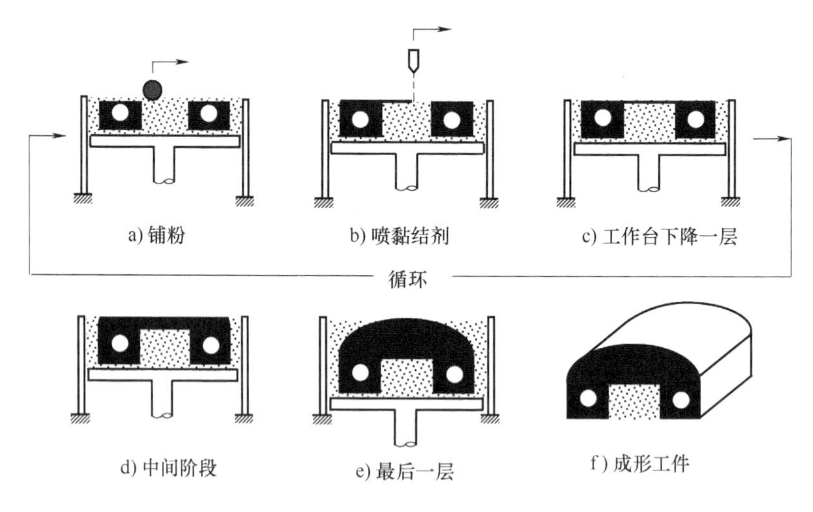

图 5-13　3DP 的工艺原理

3. 3DP 成形设备

3DP 成形设备由喷射系统、粉末供给系统、控制系统及计算机系统等部分组成。目前，3DP 设备的主要制造商包括美国的 3D Systems 公司和 Exone 公司，以及德国的 Voxeljet 公司等。

4. 3DP 成形的优缺点

3DP 成形的优点如下：

1）成形速度快，成形材料价格低。

2）在黏结剂中添加颜料，可以制作彩色原型，这是该工艺最具竞争力的特点之一。

3）成形过程不需要支撑，多余粉末去除方便，特别适合于做内腔复杂的原型。

3DP 成形的缺点如下：

1）3DP 打印的工件强度较低。

2）3DP 打印的工件精度和表面质量比较差。

5.5.2　多射流熔融（MJF）

2014 年，惠普公司推出多射流熔融（multi jet fusion，MJF）技术。利用该公司的热喷墨技术，将打印喷头做成孔径很小、密度极高的阵列。MJF 采用体素级黏结剂喷射技术，喷头可以喷射多种打印剂，包括助熔剂、精细剂及转化剂等。喷头运动一次就可以覆盖一层喷射材料。

MJF 的工艺原理如图 5-14 所示，具体如下：

1）利用“铺粉模块”均匀铺设一层成形粉末。

2）利用“热喷头模块”，在成形区（即需要打印的区域）喷助熔剂，来帮助粉末材料熔化并提高熔化的质量和速度；在成形区边缘处喷精细剂，以保证打印层边缘表面光滑且精确成形。

3）进行光照加热，成形区的助熔剂吸收光线照射产生热量进而使此区域的粉末熔融，而喷射精细剂的区域粉末未熔融。紧接着利用“铺粉模块”再次铺粉，利用“热喷头模块”再次喷射打印剂并加热，重复以上步骤直至完成 3D 打印过程。

以上是惠普 MJF 技术常规的打印工艺过程。在具体的实施过程中，步骤可能发生改变，如彩色打印中需要喷着色剂。根据 MJF 的工艺原理可知，该工艺既有黏结剂喷射的过程，也应用了粉末熔融的原理，可以说是结合了黏结剂喷射和粉末床熔融两类工艺。

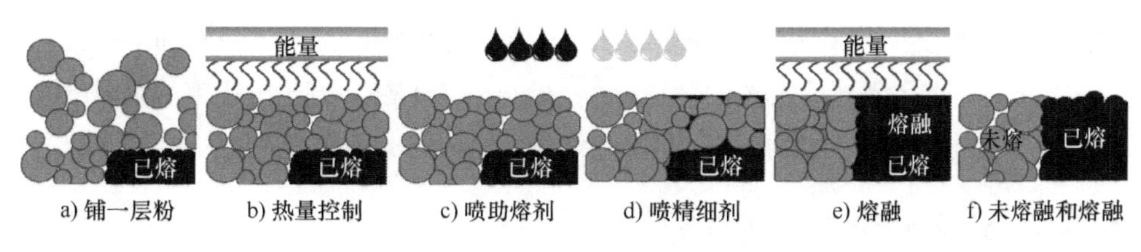

图 5-14　MJF 的工艺原理

MJF 技术的一个独特之处是转化剂的使用，将转化剂逐层喷射到所需位置，可以改变每个体素的属性。目前转化剂能够控制的属性包括：①尺寸精度和细节；②表面粗糙度、纹理和摩擦因数；③抗拉强度、柔韧性、硬度和其他材料性能；④导电性和导热性；⑤塑料的不透明性或半透明性；⑥颜色（可嵌入物体内部及表面）。

惠普公司基于 MJF 技术推出了一系列 3D 打印机。2016 年 5 月 17 日，惠普发布 HP Jet Fusion 3200/4200 系列 3D 打印机，二者都有 3 个打印头，每个打印头上有 10000 个喷嘴，打印尺寸精度为 0.2mm，使用热塑性塑料，用于创建原型或者小规模生产。2018 年 2 月 6 日，惠普推出全彩色的 HP Jet Fusion 300/500 系列 3D 打印机。2019 年 5 月 8 日，惠普公司发布了面向大批量制造客户的工业级 3D 打印机 Jet Fusion 5200 系列，用于提升 3D 打印规模化生产的精度和经济性。除了工业级的塑料 3D 打印技术，惠普公司还致力于金属 3D 打印。2018 年 9 月 11 日，惠普公司在 2018 年国际制造技术展（IMTS）上，发布了为大批量生产工业级金属零件而研发的金属 3D 打印技术 HP Metal Jet，可打印的材料包括不锈钢材料，可面向规模化生产。

5.5.3 黏结剂喷射技术的发展

最近几年，黏结剂喷射技术在间接金属 3D 打印领域获得了日益广泛的应用，Digital Metal、Exone、Desktop metal、3DEO 等公司都采用该技术打印金属零件，本书将在第 8 章对此进行详细介绍。

5.6 粉末床熔融

所谓粉末床熔融（powder bed fusion，PBF），是指通过热能（如激光束、电子束、红外灯等热源）选择性地熔化/烧结粉末床区域的增材制造工艺。该工艺的原材料是各种粉末材料（包括热塑性聚合物、金属、无机非金属材料等），粉末材料铺于粉末床内，属于铺粉工艺。目前，粉末床熔融工艺根据其热源主要分为两大类：基于激光的粉末床熔融工艺和基于电子束的粉末床熔融工艺。基于激光的粉末床熔融工艺采用激光作为热源，包括选区激光烧结（selective laser sintering，SLS）、选区激光熔化（selective laser melting，SLM）。基于电子束的粉末床熔融工艺采用电子束作为热源，包括电子束熔化（electron beam melting，EBM）等。

5.6.1 选区激光烧结（SLS）

选区激光烧结最早是由美国得克萨斯大学奥斯汀分校的 Carl Deckard，于 1986 年在其硕士论文中提出的。1989 年，Carl Deckard 创立了 DTM 公司，并于 1992 年、1996 年和 1999 年先后推出了 SLS 设备 Sinterstation 2000、2500 和 2500Plus。2001 年，DTM 公司被 3D Systems 公司收购。

1. 选区激光烧结的工艺原理

SLS 技术通常使用波长 10.6μm 的 CO_2 激光器，受限于激光器较小的功率，SLS 工艺中使用最广泛的材料是高分子材料。这是因为高分子材料成形温度较低，所需激光功率较小。烧结高分子材料时，其基本工艺过程如下：首先用铺粉辊铺上一层粉末材料，并将粉末加热至略低于材料烧结点温度；然后激光束在计算机的操控下对粉末进行扫描照射，激光照射部分的粉末发生烧结作用并逐渐形成零件的一层截面，未经烧结的粉末能够支撑正在烧结的工件。烧结完一层后，工作台下降一个层厚，用铺粉辊继续在已烧结的结构上铺设一层新粉末，再进行下一层的扫描烧结，如此层层叠加，直至完成整个实体。图 5-15

所示为选区激光烧结技术的工艺原理。

SLS 工艺既可以烧结高分子粉末，也可以烧结陶瓷粉末及金属粉末。由于 SLS 工艺的激光器功率较小，烧结陶瓷零件或金属零件时均采用间接制造法。烧结前，将熔点较低的粉末材料（如高分子聚合物粉末、低熔点金属粉末等）与金属粉末或者陶瓷粉末混合。烧结时，低熔点的材料熔化但高熔点的陶瓷或金属粉末并未熔化。熔化的低熔点材料作为黏结剂，黏结高熔点的金属或者陶瓷粉末。黏结以后，通过在熔炉加热将作为黏结剂的高分子材料蒸发掉形成多孔的实体，最后通过渗透低熔点的金属材料来提高密度，减小多孔性。SLS 工艺制造的金属零件存在孔隙，力学性能较差。如果要使用该工艺制造的零件，还要经过高温重熔。随着其他金属增材制造技术的发展，采用 SLS 工艺进行间接金属制造方法的应用越来越少。

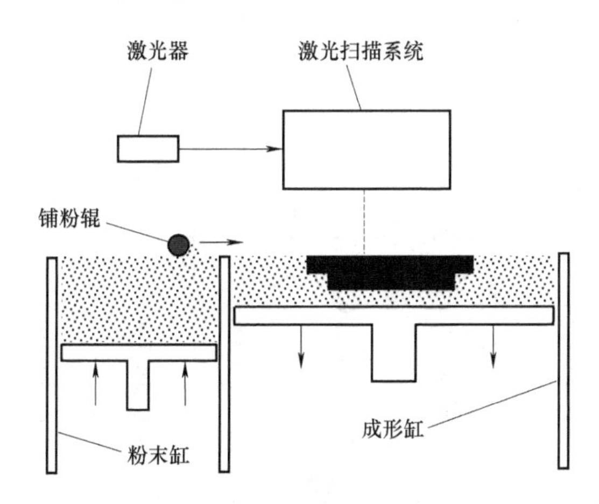

图 5-15　选区激光烧结技术的工艺原理

2. 选区激光烧结的成形材料

选区激光烧结工艺使用的原材料种类很多，理论上几乎所有的粉末材料都可以烧结，如石蜡、金属材料、高分子材料、陶瓷粉末和其他复合材料等。粉末颗粒的特性对烧结过程的影响较大，如粉末粒径的大小、粒径的分布、粉末颗粒的形状等对每层的打印厚度、烧结速率、烧结零件的强度和精度等有很大的影响。

3. 选区激光烧结设备

SLS 设备主要由激光器、振镜扫描系统、粉末传送系统、气体保护系统、预热系统等部分组成。国外最主要的 SLS 设备制造商包括德国的 EOS 公司、美国的 3D Systems 公司等，我国的 SLS 设备制造商包括湖南华曙高科技有限公司、武汉华科三维科技有限公司、北京隆源自动成形系统有限公司等。部分商业化的 SLS 设备见表 5-5。

表 5-5　部分商业化的 SLS 设备

生产商	型　号	机器尺寸（长×宽×高）/mm	成形尺寸（长×宽×高）/mm	激光器功率/W	层厚/mm	扫描速度/(m/s)	成形材料
EOS	FORMIGA P 110	1320×1067×2204	250×200×330	30	0.06～0.12	5	尼龙及其复合材料
	EOS P396	1840×1175×2100	340×340×600	70	0.06～0.18	6	
	EOS P770	2250×1550×2100	700×380×580	2×70	0.06～0.18	2×10	
	EOS P800	2250×1550×2100	700×380×560	2×50	0.06～0.18	2×6	尼龙及其复合材料、PEEK
	EOS P810	2500×1300×2190	700×380×380	2×70	0.06～0.18	2×6	碳纤维增强 PEKK 材料
	EOS P500 系统	3400×2100×2100	500×330×400	2×70	0.06～0.18	2×10 打印速度 40mm/h	尼龙及其复合材料
3D Systems	ProX SLS 6100	1740×1230×2300	381×330×460	100	0.08～0.15	12.7（填充） 5（轮廓线）	尼龙及其复合材料等
	sPro 60 HD-HS	1750×1270×2130	381×330×460	70	0.08～0.15		尼龙及其复合材料、PS、TPU
	sPro 140	2130×1630×2410	550×550×460	70	0.08～0.15	10（填充） 5（轮廓线）	尼龙及其复合材料等
	sPro 230	2510×2080×2740	550×550×750	70	0.08～0.15		

Sinterit	LISA	620×400×660	150×110×150	5	0.075～0.175		尼龙、TPU、TPE
	LISA PRO	690×500×880	150×110×250	5	0.075～0.175		
武汉华科三维科技有限公司	HK S320	1970×1390×2140	320×320×450	30	0.08～0.3	5	PS、覆膜砂
	HK S500	2070×1280×2080	500×500×400	55	0.08～0.3	6	
	HK S800	1980×2210×2800	800×800×500	100	0.08～0.3	8	
	HK S1000	2150×2170×3100	1000×1000×600	100	0.08～0.3	8	
	HK S1200	2350×2390×3400	1200×1200×600	100	0.08～0.3	8	
	HK S1400	2520×1790×2780	1400×1400×500	4×100	0.08～0.3	8	
	HK P320	1950×1150×2350	320×320×650	55	0.08～0.3	6	尼龙、聚丙烯及其复合材料
	HK P420	1950×1250×2200	420×420×500	55	0.08～0.3	6	
	HK C250	1650×900×1800	250×250×250	100	0.06～0.15	6	陶瓷材料
湖南华曙高科技有限公司	HT 1001P	5585×3410×2980	1000×500×450	2×100	0.06～0.3	15.2	尼龙及其复合材料等
	HT 403P	2470×1500×2145	400×400×450	100	0.06～0.3	15.2	
	HT 252P	1735×1225×1975	250×250×320	60	0.06～0.3	10	
	eForm	1735×1225×1975	250×250×320	30	0.06～0.3	7.6	

注：以上 SLS 设备使用的都是 CO_2 激光器。

4. 选区激光烧结的优缺点

SLS 技术具有如下的优点：

1）成形材料广泛，包括各类工程塑料、蜡、金属材料、陶瓷等。

2）材料利用率高。

3）不需要设计和制作支撑结构。

SLS 技术的缺点如下：

1）表面是粉粒状，表面粗糙度值高，并受粉末颗粒大小及激光光斑的影响。

2）需要预热和冷却，后处理过程麻烦。尤其是在烧结陶瓷、金属材料与黏结剂的混合粉末并得到原型零件后，须将它置于加热炉中，烧掉其中的黏结剂，并在孔隙中渗入填充物，其后处理复杂。

3）处理室需要连续充氮气，处理成本较高。

5. 选区激光烧结的应用

目前，SLS 技术所用的材料主要包括高分子材料、金属材料和陶瓷材料等。高分子材料有着优良的成形条件和较高的成形精度，因而成为目前使用最广泛，也是使用最成功的 SLS 打印材料。其中应用最多的高分子材料主要有聚碳酸酯、聚苯乙烯、尼龙、聚丙烯、聚醚醚酮等热塑性高分子及其复合材料。目前，利用 3D 打印技术制备碳纤维增强复合材料已经成为学术界研究的热点，其中，选区激光烧结和熔融沉积成形是目前应用最广泛的技术。

6. 选区激光烧结工艺的发展

传统的选区激光烧结工艺普遍采用 CO_2 激光器，随着技术的进步，若干领先企业在该领域引入了新型的激光器。

2018 年，EOS 公司推出 LaserProFusion 技术，采用近百万个二极管激光器排成阵列激光，瞬间一次性烧结粉末材料。该技术的烧结速度比传统烧结工艺快很多，能够大大提高生产率。这项技术的主要目的是满足批量生产的要求，在小批量、多批次的生产上，能部分取代注塑技术。

2019 年，EOS 公司推出了基于 CO 激光器的激光烧结方法。CO 激光器的输出波长为 5μm，而 CO_2 激光器的输出波长为 10.6μm。相比 CO_2 激光器，波长更短的 CO 激光器光束可以聚焦到更小的光斑尺寸，因而可以制造更加精细的结构。CO 激光的功率密度比 CO_2 激光更高，聚焦深度比 CO_2 激光更长。某些材料，如 PE、陶瓷、玻璃等，对 CO 激光具有更高的吸收率，CO 激光器在这些材料的加工领域更有独特的优势。EOS 公司将基于 CO 激光器的烧结方法命名为超精细细节分辨率（fine detail resolution，FDR）技术。该技术能够打印出精细的结构、精细的表面分辨率和最小为0.22mm的壁厚，适用于生产精密零件。

华曙高科在2019年发布了Flight技术。该技术采用光纤激光器取代普通激光烧结系统的CO_2激光器。与普通CO_2激光器相比，光纤激光器具有更高的激光功率，激光到达粉末床表面时可实现更高的能量密度，从而能够在极短时间内完全烧结粉末。基于该技术，华曙高科开发了Flight 403P系列设备，扫描速度达到20m/s，层厚为0.06~0.3mm，具有更精细的光斑直径和更快的烧结速度。

5.6.2 选区激光熔化（SLM）

1995年，德国弗朗霍夫激光技术研究所（fraunhofer institute for laser technology，FILT）研发了选区激光熔化（SLM）技术。该技术利用大功率激光器直接熔化金属粉末，能够直接成形制造出致密的金属零件。

1. 选区激光熔化的工艺原理

SLM与SLS的基本原理相似，二者都是采用激光作为热源，原材料都是粉末，都是利用激光束对粉床中铺好的粉末进行照射，但SLM使用的是具有较短波长的大功率激光器，主要是波长为1.09μm的光纤激光器和波长为1.064μm的Nd：YAG激光器。由于金属粉末对短波长激光的吸收率比较高，所以SLM技术的激光能量密度高，能够将金属粉末直接熔化，熔化后的金属形成熔池。随着激光束的移动，熔化的金属迅速冷却，实现金属零件的直接制造。由于激光使粉末完全熔化，所以SLM技术一般需要添加支撑结构。

2. 选区激光熔化的成形材料

SLM使用的成形材料主要是各种金属粉末，包括钛基合金粉末、铁基合金粉末、镍基合金粉末等。这些材料均具有较高的激光吸收率，金属粉末能够吸收大部分的激光能量，故较易熔化。

粉末颗粒的纯度、粒度及粒度分布、球形度、流动性、松装密度等指标对SLM工艺的打印过程和所打印工件的性能影响很大。

为了保证粉末纯度，对金属粉末的氧含量和氮、碳等杂质元素的含量要严格控制。例如，钛合金粉末随着氧含量的增加，其塑性会大幅度下降，所以钛合金粉末中氧的质量分数一般应控制在0.15%以内，氮的质量分数应控制在0.05%以下，碳的质量分数应控制在0.08%以下。

SLM 工艺每层粉末的厚度一般是粉末直径的 2 ~6 倍。如果粉末粒度大，所铺设粉末的层厚变大，每次打印的厚度增加，打印精度就会下降。为保证打印精度，SLM 工艺一般采用粒径为 15 ~60μm 的粉末。有些研究将粗粉与细粉混合，细粉在混合后填入粗粉的空隙中，具有较宽的粒度分布，能有效提高粉末的打印性能。

粉末的球形度是衡量粉末颗粒与圆相似度的指标，其值为 0 ~1。球形度的大小对颗粒的流动性、松装密度、堆积性能、铺粉性能都有直接影响。粉末球形度高，铺粉时粉末均匀，打印出的工件致密度高。

粉末流动性是以一定量粉末流过规定孔径的标准漏斗所需要的时间来表示的，其数值越小说明该粉末的流动性越好。流动性好的粉末在铺粉时容易均匀铺开，有助于减少打印缺陷，增加打印工件的致密度。粉体的流动性受粉末球形度、粒度、表面粗糙度等多种因素的影响。球形度越高，粉末颗粒相互之间的接触面积越小，流动性越好。粉末粒度越小，则粉末比表面积越大，粉末颗粒之间分子引力、静电引力作用逐渐增大，降低粉体颗粒的流动性；其次，粉末粒度越小，粉末颗粒间越容易吸附、聚集成团，黏结性增大，导致休止角增大，流动性变差；再次，粉末粒度小，颗粒间容易形成紧密堆积，使得透气率下降，压缩率增加，流动性下降。因此，需要在粒度和流动性之间进行综合考虑。此外，表面粗糙度值越低的粉末流动性越好。

粉末松装密度是粉末在规定条件下自由充满标准容器后所测得的堆积密度，即粉末松散填装时单位体积的质量，是粉末多种性能的综合体现。影响粉末松装密度的因素很多，如粉末粒度及粒度分布、粉末球形度、颗粒的表面粗糙度、空心粉率等。采用密度较高的粉末、球形度高的粉末、较大的粒度或较宽的粒度分布，均有利于提高粉末的松装密度。

3. 选区激光熔化设备

SLM 设备主要由光路单元、机械单元、控制单元、软件系统等组成。光路单元主要包括光纤激光器、扩束镜、反射镜、扫描振镜、聚焦透镜等。机械单元主要包括铺粉机构、成形缸、粉料缸、气体净化系统等。SLM 属于典型的数控系统，其控制单元包括激光束扫描控制系统和设备控制系统。

国外知名的 SLM 设备制造商包括 Concept Laser、Realizer、SLM Solutions、Renishaw 等公司，我国 SLM 设备制造商包括西安铂力特增材技术股份有限公司、湖南华曙高科技有限公司、武汉华科三维科技有限公司、江苏永年激光成形技术有限公司、广州雷佳增材科技有限公司等。部分商业化的 SLM 设备见表 5-6。

表 5-6 部分商业化 SLM 设备

生产商	型号	机器尺寸（长×宽×高）/mm	成形尺寸（长×宽×高）/mm	激光器功率/W	层厚/mm	扫描速度/（m/s）	成形材料
EOS	EOSINT M100	950×800×2250	100×100×95	200		7	镍合金、合金钢、钛合金、铝合金
	EOSINT M290	2500×1300×2190	250×250×325	400	0.02~0.1	7	
	EOSINT M400	4181×1613×2355	400×400×400	1000	0.02~0.1	7	
	EOS M300-4	5221×2680×2340（含转运站 M）	300×300×400	4×400	0.02~0.1	7	
	EOS M400-4	4181×1613×2355	400×400×400	4×400	0.02~0.1	7	
Concept Laser	M2 Series 5	2695×1818×2185	245×245×350	2×400	0.02~0.08	4.5	不锈钢、镍合金、钛合金、铝合金、钴铬合金等
	X Line 2000R	5235×3655×3604	800×400×500	2×1000	0.03~0.15	7	镍合金、钛合金、铝合金等
SLM Solutions	SLM 125	1400× 900× 2460	125×125×125	400	0.02~0.07	10	不锈钢、工具钢、模具钢、钛合金、纯钛、钴铬合金、铝合金、镍基合金
	SLM 280	2600×1200×2700	280×280×365	1/2×400/700	0.02~0.09	10	
	SLM 500	5200×2800×2700	500×280×365	2/4×400/700	0.02~0.09	10	
	SLM 800		500×280×850	4×400/700	0.02~0.09	10	
3D Systems	DMP FleX 100	1720×1210×2100	100×100×80	100	0.01~0.1		不锈钢、钴铬合金
	ProX DMP 200	1500×1200×1950	140×140×115	300	0.01~0.1		铝合金、不锈钢、钴铬合金
	ProX DMP 300	2400×2200×2400	250×250×330	500	0.01~0.1		
	ProX DMP 320	2350×2300×2300	275×275×380	500	0.01~0.1		钛合金、铝合金、镍合金、不锈钢、钴铬合金
	DMP FleX 350	2400×2360×2600	275×275×420	500	0.01~0.1		
	DMP Factory 350	3580×2430×3230	275×275×420	500	0.01~0.1		
	DMP Factory 500	3010×2290×2820（仅打印机模块）	500×500×500	3×500	0.002~0.2		镍合金等

（续）

生产商	型号	机器尺寸（长×宽×高）/mm	成形尺寸（长×宽×高）/mm	激光器功率/W	层厚/mm	扫描速度/(m/s)	成形材料
Sodick	OPM 250L	2230×1870×2055	250×250×250	500			不锈钢、镍合金
	OPM 350L	2485×2020×2220	350×350×350	500/1000			
	LPM325	2525×1630×2020	250×250×250	500			
西安铂力特增材技术股份有限公司	BLT-A160	1100×974×1864	160×160×100	200	0.01~0.04	7	不锈钢、钴铬合金、钛合金
	BLT-A300	1978×1043×2068	250×250×300	500	0.02~0.1	7	不锈钢、模具钢
	BLT-S210	1260×950×1840	105×105×200	200/500	0.015~0.1	7	钛合金、铝合金、高温合金、钴铬合金、不锈钢、高强钢、模具钢
	BLT-S310	2750×1160×2185	250×250×400	500	0.02~0.1	7	
	BLT-S320	2750×1160×2185	250×250×400	2×500	0.02~0.1	7	
	BLT-S400	2750×1160×2185	400×250×400	2×500	0.02~0.1	7	
	BLT-S450	5253×1940×2445	400×400×500	500/1000	0.02~0.1	7	钛合金、铝合金、高温合金、不锈钢、高强钢、模具钢等
	BLT-S510	5200×4200×3600	500×500×1000	4×500	0.02~0.1	7	
	BLT-S600	4500×4500×3500	600×600×600	4×500	0.02~0.1	7	
湖南华曙高科技有限公司	FS121M	1000×780×1700	120×120×100	200	0.02~0.08	15.2	不锈钢、钴铬合金、铜合金
	FS271M	1750×1430×1860	275×275×340	500	0.02~0.1	15.2	不锈钢、钴铬合金、钛合金、铝合金、模具钢、镍合金等
	FS273M	2250×1420×2000	275×275×355	500	0.02~0.1	15.2	
	FS301M	2350×1550×2200	305×305×400	2×500	0.02~0.1	15.2	
	FS421M	2700×1290×2290	425×425×420	1/2×500	0.02~0.1	15.2	
	FS621M	5800×3300×4000	620×620×1100	1000	0.02~0.1	15.2	
	FS721M	5200×2800×3900	720×420×420	2/4×500	0.02~0.1	10	

注：表中 SLM 设备均使用光纤激光器。

4. 选区激光熔化的优缺点

SLM 工艺具有以下优点：

1）能够直接制造金属工件，省掉了间接金属制造的中间环节。

2）制造的金属工件具有高的致密度和优异的力学性能。

3）可以制备精度较高的工件。

4）选材广泛，理论上任何粉末材料都能够被大功率激光器熔化。

SLM 工艺的缺点如下：

1）受激光器功率和扫描振镜偏转角度的限制，SLM 设备能够成形的零件尺寸有限。

2）由于使用大功率的激光器及高质量的光学设备，机器制造成本较高。

3）SLM 工艺加工速度偏低。

4）加工过程中，容易出现球化、翘曲等现象。

5. 选区激光熔化的质量问题

SLM 技术利用大功率激光束，将金属粉末在热作用下完全熔化后再冷却凝固，进而成形工件。其物理化学冶金过程很复杂，引起工件质量问题的原因也很多，如粉末球化、热应力、裂纹、孔隙等。粉末球化现象是 SLM 技术中普遍存在的一个问题，它是指金属粉末被激光熔化后不能均匀铺展成一条连续平滑的扫描线，而是形成大量彼此隔离的金属球。粉末球化现象影响工件的成形质量，易导致金属工件内部产生大量孔隙，并增大工件表面粗糙度值，甚至阻碍铺粉过程的正常进行。由于 SLM 是一个局部快速熔化、凝固的过程，这种局部受热使工件产生热应力，引起工件的热变形并易产生裂纹。粉末球化、裂纹，以及过程中使用的保护性气体都使 SLM 过程中易形成孔隙，降低工件的力学性能。

研究以上质量问题产生的原因，需要考虑以下几个方面：

1）金属粉末颗粒的影响，包括粉末的制备方式、组成成分、物理化学特性，以及粉末颗粒的形状、粒径分布等。

2）工艺参数的影响，包括粉末层厚、激光功率、扫描路径、扫描速度、扫描间距等。

3）SLM 设备的影响。

此外，进行恰当的后处理有助于改善工件的上述质量缺陷。后处理工序主要有退火、热等静压、固溶时效、抛光、渗碳等。其中，退火的主要目的是减小零件内部的残余应力，热等静压则可以减少组织内部的孔隙。

5.6.3　电子束熔化（EBM）

电子束熔化（electron beam melting，EBM）也称为电子束选区熔化（electron beam selective melting，EBSM），是20世纪90年代中期发展起来的一种采用高能高速的电子束，在真空环境中选择性地轰击金属粉末，从而使粉末材料熔化成形的一种增材制造技术。电子束熔化具有能量利用率高、无反射、功率密度高、扫描速度快、真空环境无污染、残余应力低等优点，适于活性、难熔、脆性金属材料的增材制造，在航空航天、生物医疗、汽车、模具等领域具有广阔的应用前景。

2003年，瑞典Arcam公司推出了全球首台电子束熔化的商业化设备EBM-S12。清华大学申请了我国最早的电子束熔化装备专利20041000948.X，并研制了具有自主知识产权的EBSM-150和EBSM-250实验系统。2018年1月，我国首台最新一代开源电子束金属3D打印机QbeamLab在清华大学天津高端装备研究院发布。

1. 电子束熔化的工艺原理

电子束熔化的工艺原理如图5-16所示。铺放一层预设厚度的粉末；在真空室内，电子束按照规划的路径扫描并熔化粉末材料；扫描完成后，成形台下降一个层厚，铺粉器重新铺放一层粉末，电子束再次扫描将新铺的一层粉末材料熔化。以上逐层铺粉—熔化的过程反复进行，直至完成零件成形。

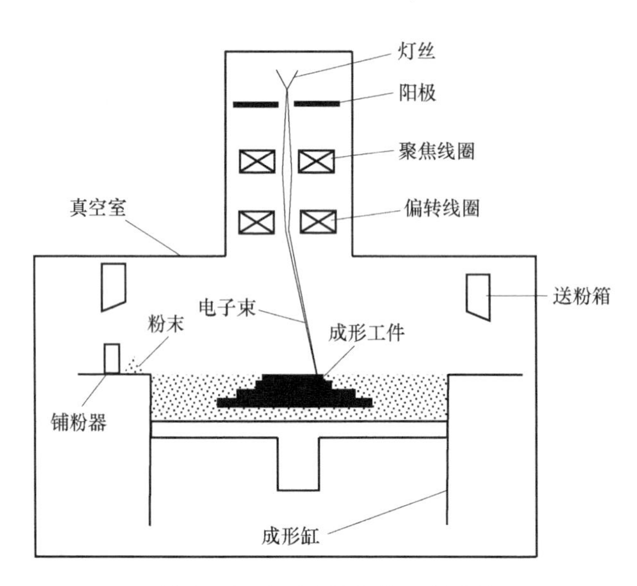

图5-16　电子束熔化的工艺原理

2. 电子束熔化成形材料

目前已经商业化的EBM金属粉末材料包括钛合金、钴铬合金、镍基高温合金、不锈钢、高合金工具钢、钛铝合金、铝合金、铜合金、铌合金、纯铜、高熔点金属等多种金属及合金材料。由于电子束能量较高，所以使用的粉末粒径较粗。

3. 电子束熔化设备

目前 EBM 设备的主要制造商包括瑞典的 Arcam 公司（已被美国 GE 公司收购），以及我国的天津清研智束科技有限公司、西安赛隆金属材料有限责任公司、西安智熔金属打印系统有限公司等。部分商品化的 EBM 设备见表 5-7。

4. 电子束熔化工艺的优缺点

电子束熔化具有如下的优点：

1）电子穿透深度比光子大 3 个数量级，EBM 的效率是 SLM 的 3 倍以上。

2）功率大，扫描速度快，电子束熔化粉末材料时的扫描速度可以超过 10m/s。

3）相对于 SLM 工艺，EBM 的粉末粒径较粗，一般为 45 ~ 105μm。粒径太细的粉末会增加吹粉的风险。粉末粒径越粗，往往价格越低，所以 EBM 的粉末更加经济。

4）在真空环境中成形，无污染。

电子束熔化的缺点如下：

1）需要一套专用的真空系统，价格较高。

2）成形前需长时间抽真空，成形准备时间很长；抽真空消耗相当多电能，占去了大部分功耗。

3）由于电子束束斑直径大（180 ~ 400μm），粉末粒径粗，铺粉层厚，所以电子束熔化成形的加工精度和表面质量低于激光选区熔化技术。

5. 电子束熔化的质量问题

在电子束熔化过程中，容易出现吹粉、球化等现象，导致工件易产生分层、变形、开裂、气孔等质量缺陷。

吹粉是电子束选区熔化成形过程中存在的现象，它是指金属粉末在成形熔化前即已偏离原来的位置，甚至粉末全面溃散，从而导致成形过程无法进行。目前国内外对吹粉现象形成的原因还未形成统一的认识，已有研究认为，高速电子流轰击金属粉末引起的压力是导致金属粉末偏离原来位置形成吹粉的原因。德国奥格斯堡 IWB 应用中心的研究小组对吹粉现象进行了系统的研究后指出，除高速电子流轰击金属粉末引起的压力外，电子束轰击导致金属粉末带电，使粉末与粉末之间、粉末与底板之间，以及粉末与电子流之间存在相互的排斥力；排斥力超过一定值时，粉末在被电子束熔化之前就离开了原位置，产生吹粉现象。已有研究表明，对粉末进行预热是避免吹粉的有效方法。

表 5-7　部分商业化的 EBM 设备

生产商	型号	机器尺寸（长×宽×高）/mm	成形尺寸（长×宽×高）/mm	功率/kW	最小束斑直径/μm	电子束最大跳转速度/(m/s)	成形材料
Arcam	EBM Q10plus	2060×1066×2608	200×200×180	3	140	8000	钛、Ti6Al4V、钴铬合金、纯铜
	EBM Q20plus	2400×1300×2945	350×350×380	3	140	8000	Ti6Al4V
	EBM A2X	1850×900×2200	200×200×380	3	250	8000	Ti6Al4V、镍合金 718、TiAl
	EBM Spectra L		350×350×430	4.5			Ti6Al4V
	EBM Spectra H	2344×1328×2858	250×250×430	6			TiAl、镍合金 718、高合金工具钢
天津清研智束科技有限公司	QBEAM Lab200	2470×1300×2580	200×200×240	3	200	10000	钛合金、高温合金、铜合金等
	QBEAM Med200	2470×1300×2580	200×200×240	3	150	10000	钛合金、CoCr 合金、钽合金等
	QBEAM Aero350	4100×1510×3300	350×350×400	3	180	7500	钛合金、钛铝合金、镍基高温合金、铜合金等
西安赛隆金属材料有限责任公司	Sailong-Y150		150×150×180	3	≤200	150	钛合金、钴铬、钽、钛钽合金等
	Sailong-S200		200×200×200		≤300	200	钛合金、钛铝、不锈钢、难熔金属等

球化现象是电子束熔化和选区激光熔化成形过程中普遍存在的现象。它是指金属粉末熔化后未能均匀地铺展，而是形成大量彼此隔离的液态金属球。球化现象的出现影响成形质量，导致内部孔隙，严重时还会阻碍铺粉过程的进行。

电子束熔化过程中，电子束迅速移动，粉末加热、熔化、凝固和冷却速度快，粉末的温度随时间和空间急剧变化，产生热应力、凝固收缩应力和相变应力。当应力水平超过材料的许用强度时，将导致工件发生翘曲变形，甚至开裂。通过预热来提高温度场分布的均匀性，是解决变形和开裂的有效方法。

采用惰性气体雾化球形粉末作为原料时，在气雾化制粉过程中会形成一定含量的空心粉。由于电子束熔化和凝固速度较快，空心粉中来不及逃逸的气体就会在成形工件中残留并形成气孔。

已有研究表明，采用粉末预热，优化扫描路径和成形工艺参数等方法，能够有效地减少和避免以上质量缺陷，提高工件的成形质量。

5.7　定向能量沉积

所谓定向能量沉积（directed energy deposition，DED）技术，是指利用聚焦热能（如激光束、电子束、电弧、等离子束）将材料同步熔化沉积的增材制造工艺。定向能量沉积的原材料包括两类：粉末材料和丝状材料。

5.7.1　激光近净成形（LENS）

20 世纪 90 年代以来，以激光作为热源，采用同步送粉激光熔化沉积方法生成致密金属零件的技术，在世界范围内引起了广泛关注。多个研究机构对该技术进行了研究并相继研发出了一系列工艺，如激光近净成形（laser engineered net shaping，LENS）、直接金属沉积（direct metal deposition，DMD）、激光金属沉积（laser metal deposition，LMD）、直接激光制造（direct light fabrication，DLF）、激光固化（laser consolidation，LC）、激光粉末沉积（laser powder deposition，LPD）、直接激光沉积（direct laser deposition，DLD）、激光直接制造（direct laser fabrication，DLF）、激光快速成形（laser rapid forming，LRF）、激光立体成形技术（laser solid forming，LSF）等。这些技术名称虽然不同，但基本技术原理却是相同的，都是基于同步送粉激光熔覆的增材制造技术。

激光近净成形技术是由美国桑迪亚国家实验室的 David Keicherin 于 20 世

纪 90 年代研制的。1997 年，David Keicherin 加入美国 Optomec 公司，并将 LENS 技术进行商业开发和推广。

1. 激光近净成形的工艺原理

LENS 技术以大功率激光作为热源，以金属粉末作为原材料，通过送粉装置和喷嘴将金属粉末送入激光所形成的熔池中，粉末经熔化、凝固后形成致密的金属点。随着激光束的不断移动，金属粉末连续送入熔池中，熔化的金属不断沉积、层层叠加，最终制造出金属零部件。

2. 激光近净成形的材料

目前，LENS 技术所用的成形材料包括钛合金、镍基高温合金、铁基合金、铝合金、难熔合金、非晶合金及梯度材料等。金属粉末的粒径及其分布、颗粒的形状等对成形过程都有很大影响。

3. 激光近净成形设备

LENS 设备由大功率激光器、送粉系统、惰性环境保护系统等部分组成。其中，送粉系统由送粉器、传输通道和喷嘴三部分组成，送粉方式分为同轴送粉和单侧送粉。同轴送粉是指用于送粉的喷嘴和激光束共轴，单侧送粉则是从激光束的一侧把粉吹入熔池中。由于同轴送粉能够制造形状复杂的零件，所以 LENS 工艺中常采用同轴送粉。

目前，相关企业已经推出了不少 LENS 设备。西安铂力特增材技术股份有限公司推出的设备包括 BLT-C600 和 BLT-C1000，其中 BLT-C1000 的可成形零件尺寸为 1.5m×1m×1m。中科煜宸激光技术有限公司推出了 RC-LDM2020、RC-LDM4030、RC-LDM8060、RC-LDM1500、RC-LDM2500、RC-LDM4000 等一系列设备，其中 RC-LDM4000 的可成形零件尺寸达到 4m×3.5m×3m，采用五轴联动，最高打印速度为 5m/min。天津镭明激光科技有限公司推出了 LiM-S1510、LiM-S2510 和 LiM-S4510，其中 LiM-S4510 的可成形零件尺寸为4.5m×4.5m×1.5m。西安鑫精合智能制造有限公司推出的设备包括 TSC-S2510 和 TSC-S4510，其中 TSC-S4510 的可成形零件尺寸为 4.5m×4.5m×1.5m。

4. 激光近净成形的优缺点

激光近净成形技术具有如下的优点：

1）与 SLM 相比，该工艺成形效率高，适合制造大型的、致密的金属零件。

2）可加工材料范围广泛，在加工高熔点材料、异质材料（功能梯度材料、各种复合材料）等方面有其特有的优势。

激光近净成形技术的缺点如下：

1）成形过程中热应力大，成形件易开裂，影响成形件的质量和力学性能。

2）由于受到多种因素的影响，成形件的制造精度较低，需要进一步进行机械加工。

3）由于无粉末床的支撑作用，对复杂结构成形较困难，且成形精度较低。

LENS技术适合制作尺寸较大且精度要求不太高的工件，可应用于航空航天、汽车、船舶等领域，如制造或修复航空发动机和重型燃气轮机的叶轮叶片及轻量化的汽车零部件等。

5. 激光近净成形的质量问题

在激光近净成形过程中，高功率激光束与金属粉末、基材相互作用时，材料的熔化、凝固和冷却都是在极快的速度下进行的，成形件中易出现应力集中、裂纹、气孔、夹杂、层间结合不良等内部缺陷，降低工件的力学性能，甚至导致工件变形开裂。解决这些问题，需要对激光近净成形的工艺机理进行深入的研究。

5.7.2 电子束自由成形制造（EBF）

前面几种工艺都是采用金属粉末作为原材料，目前的研究和应用已经非常广泛。但金属粉末沉积3D打印技术的沉积速度较低，原材料成本较高，所以制造体积较大的结构时成本较高。为此，熔丝沉积方式应运而生，其特点是原材料采用金属丝状材料。

电子束熔丝沉积成形技术是熔丝沉积方式的一种，又称为电子束自由成形制造技术（electron beam freeform fabrication，EBF）。美国麻省理工学院的V. R. Dave等人最早提出该技术并试制了镍铬铁合金涡轮盘。2002年，美国航空航天局兰利研究中心的K. M. Taminger等人提出了EBF技术。同期，美国西亚基公司联合洛克希德·马丁公司、波音公司等合作开展研究，主要致力于大型航空金属零件的制造。北京航空制造工程研究所于2006年开始研究电子束熔丝沉积成形技术，开发的电子束熔丝沉积成形设备的真空室体积达$46m^3$，有效加工范围为1.5m×0.8m×3m，最大可加工零件尺寸达到1.5m×0.5m×2.5m，5轴联动，双通道送丝，成形速度最高可达5kg/h。2017年3月西安智熔金属打印系统有限公司发布了中国首台商用熔丝式电子束金属打印系统，开发了电子束熔丝金属3D打印机Zcomplex系列，包括Zcomplex X1、Zcomplex X3、Zcomplex X5小中大三种规格，能打印的材料包括钛及钛合金、镍合金718/625、钽、钨、不锈钢、铝合金等。2012年，采用电子束熔丝成形制造的钛合金零件，在我国飞机结构上率先实现了装机应用。

1. 电子束熔丝沉积成形的工艺原理

电子束熔丝沉积成形的工艺原理是：在真空环境中，利用高能量密度的电子束轰击金属表面形成熔池，金属丝材通过送丝装置送入熔池并熔化，同时熔池按照预先规划的路径运动，金属材料逐层凝固堆积，形成致密的冶金结合，直至制造出金属零件。

2. 电子束熔丝沉积成形的材料

美国国家航空航天局兰利研究中心、美国西亚基公司、北京航空制造工程研究所、西安智熔金属打印系统有限公司等都对电子束熔丝技术进行了研发，所用材料包括铝合金、不锈钢、钛合金等。

3. 电子束熔丝沉积成形的优缺点

电子束熔丝沉积成形技术的优点如下：

1）原材料使用线（丝）材，价格大大低于粉材。

2）成形速度快，沉积效度高，可以在较高功率下达到很高的沉积速度。对于大型金属结构件的成形，电子束熔丝沉积成形速度快的优势十分明显。

3）电子束熔丝沉积成形在真空环境中进行，有利于零件的保护。

4）电子束形成的熔池相对较深，能够消除层间未熔合现象，制件内部质量好，力学性能接近或相当于锻件性能。

电子束熔丝沉积成形技术的缺点如下：

1）制件表面尺寸偏差较大（2~3mm）。

2）需要一套专用设备和真空系统，价格较高。

5.7.3 电弧增材制造（WAAM）

电弧增材制造技术（wire arc additive manufacture，WAAM），又称为电弧法熔丝沉积成形。该技术以电弧作为热源将金属丝材熔化，按照成形路径堆积每一层，逐层叠加形成所需的三维实体。与其他增材制造技术相比，电弧增材制造技术具有材料利用率高、成形效率高、制造成本低等优点，适于制造大型零件。例如，中科煜宸开发的电弧增材制造设备 RC-WAAM-3000 的最大成形尺寸达到3m×2m×1m。然而，电弧增材制造因其热输入高、成形精度相对较低而存在一定局限性。随着人们的高度关注，WAAM 技术在航空航天领域零件的小批量生产方面将有十分广阔的应用前景。欧洲空中客车公司、庞巴迪公司、英国宇航系统公司、欧洲导弹集团、阿斯特里姆公司、洛克希德·马丁公司等，均利用 WAAM 技术实现了钛合金以及高强钢材料大型结构件的直接制造。英国克兰菲尔德大学（Cranfield University）焊接工程和激光工艺研究中心多年来从事电弧增材制造的研究工作，并于 2018 年成立了 WAAM3D 公司。目前，荷兰的 MX3D 公司、澳大利亚的 AML Technologies 公司、中科煜宸激光技术有限公司、江苏烁石焊接科技有限公司、南京英尼格玛工业自动化技术有限公司等企业都从事电弧增材制造技术和设备的研发。

5.7.4　激光熔丝增材制造（LWAM）

激光熔丝增材制造（laser wire additive manufacturing，LWAM）加工的零件精度较高，适用于复杂金属零件近净成形。美国 ADDere 公司利用激光熔丝增材制造技术，来生产航空航天和货车的工业零件，如最新打印的全尺寸火箭推进室组件，高度为 1070mm（42in），直径为 610mm（24.0in），如图 5-17 所示。

图 5-17　ADDere 公司 3D 打印的全尺寸火箭推进室组件

5.8　7 大类增材制造工艺的优缺点

每种增材制造工艺都有各自的优缺点，7 大类增材制造工艺的比较见表 5-8。

表 5-8　7 大类增材制造工艺的比较

分类	基本原理	技术实例	优　点	缺　点	原材料	成形尺寸
材料挤出	通过喷嘴或孔有选择地将材料挤出	FDM	价格便宜，使用广泛	垂直各向异性，阶梯式结构表面，不适合打印细节	聚合物、复合材料、金属	中小尺寸
立体光固化	液态聚合物在容器中光固化	SLA、DLP	精度好，表面光洁度好	通常需要支撑材料，主要使用光敏树脂	聚合物、陶瓷	小尺寸

（续）

分类	基本原理	技术实例	优　点	缺　点	原材料	成形尺寸
薄材叠层	片材/箔片黏结	LOM、UAM/UC	速度高，成本低，物料易处理	零件的强度和完整性取决于使用的黏结剂，表面需要后处理，材料使用率有限	聚合物、金属、陶瓷、混合物	中等尺寸
黏结剂喷射	液体黏结剂喷在薄层粉末上，将颗粒黏结在一起，一层一层地形成零件	3DP、MJF	不需要支撑/基材，设计自由，成形速度快，成本相对较低	部件易碎，力学性能不高，需要后期处理	聚合物、陶瓷、复合材料、金属、混合物	尺寸范围大
材料喷射	成形材料的液滴沉积	PolyJet、MJP、NPJ	液滴沉积精度高，浪费少，多种材料，彩色打印	通常需要支撑材料，主要使用光聚合物和热固性树脂	聚合物、陶瓷、复合材料、混合物、生物制品	小尺寸
粉末床熔融	热能熔化成形粉末床区域内的材料	SLS、SLM、EBM	粉末床作为一体化支撑结构，占地面积小，多种材料选择	打印速度相对缓慢，打印尺寸有限，表面粗糙度取决于粉末颗粒大小	金属、陶瓷、聚合物、复合材料、混合物	中小尺寸
定向能量沉积	聚焦热能在沉积过程中熔化材料	LENS、EBF	晶粒结构可控，零件质量好，可用于产品维修	表面质量和打印速度需要平衡，仅限于金属/金属基混合物	金属、混合物	范围广

参考文献

[1] 全国增材制造标准化技术委员会. 增材制造 工艺分类及原材料：GB/T 35021—2018. [S]. 北京：中国标准出版社，2018.

[2] 刘斌，赵春振，王保民. 熔融沉积成形水溶性支撑材料的研究与应用 [J]. 工程塑料应用，2008，36（10）：86-89.

[3] BRIAN N T，ROBERT S，SCOTT A G. A review of melt extrusion additive manufacturing processes：I. Process design and modeling [J]. Rapid Prototyping Journal，2014，20（3）：

192-204.
[4] 贾振元，邹国林，郭东明，等. FDM 工艺出丝模型及补偿方法的研究 [J]. 中国机械工程，2002，13 (23)：1997-2000.
[5] 鲁浩，李楠，王海波，等. 碳纳米管复合材料的 3D 打印技术研究进展 [J]. 材料工程，2019，47 (11)：19-31.
[6] 于天淼，高华兵，王宝铭，等. 碳纤维增强热塑性复合材料成形工艺的研究进展 [J]. 工程塑料应用，2018，46 (4)：139-144.
[7] 明越科，段玉岗，王奔，等. 高性能纤维增强树脂基复合材料 3D 打印 [J]. 航空制造技术，2019，62 (4)：34-38.
[8] NING F, CONG W, HU Y, et al. Additive manufacturing of carbon fiber-reinforced plastic composites using fused deposition modeling: Effects of process parameters on tensile properties [J]. Journal of Composite Materials, 2017, 51 (4): 451-462.
[9] TEKINALP H L, KUNC V, VELEZ-GARCIA G M, et al. Highly oriented carbon fiber-polymer composites via additive manufacturing [J]. Composites Science and Technology, 2014, 105: 144-150.
[10] FIDAN I, IMERI A, GUPTA A, et al. The trends and challenges of fiber reinforced additive manufacturing [J]. International Journal of Advanced Manufacturing Technology, 2019, 102 (5-8): 1801-1818.
[11] 李荣帅. 基于熔融沉积制造建筑 3D 打印效率的关键影响因素 [J]. 理化检验 (物理分册)，2016，52 (10)：675-681+692.
[12] 覃亚伟，骆汉宾，车海潮. 基于挤出固化的建筑 3D 打印装置设计及验证 [J]. 土木工程与管理学报，2016，33 (1)：54-60.
[13] 刘天宇，周惠兴，张鑫，等. 食品及软性材料 3D 打印技术的研究与应用进展 [J]. 包装与食品机械，2016，34 (5)：55-59.
[14] 魏青松. 增材制造技术原理及应用 [M]. 北京：科学出版社，2017.
[15] 方浩博，陈继民. 基于数字光处理技术的 3D 打印技术 [J]. 北京工业大学学报，2015，41 (12)：1775-1782.
[16] WALKER D A, HEDRICK J L, MIRKIN C A. Rapid, large-volume, thermally controlled 3D printing using a mobile liquid interface [J]. Science, 2019, 366 (6463): 360-364.
[17] 侯红亮，韩玉杰，张艳苓，等. 金属超声波固结制造技术研究进展 [J]. 材料导报，2016 (S2)：140-145.
[18] 李鹏，焦飞飞，刘郢，等. 金属超声波增材制造技术的发展 [J]. 航空制造技术，2016 (12)：49-55.
[19] SHIMIZU S, FUJII H T, SATO Y S, et al. Mechanism of weld formation during very-high-power ultrasonic additive manufacturing of Al alloy 6061 [J]. Acta Materialia, 2014, 74: 234-243.
[20] GUSSEV M N, SRIDHARAN N, THOMPSON Z, et al. Influence of hot isostatic pressing on

the performance of aluminum alloy fabricated by ultrasonic additive manufacturing [J]. Scripta Materialia, 2018, 145: 33-36.

[21] 潘硕, 刘斌. 颅颌面修复体制作用3D 打印金属粉末的研究进展 [J]. 华西口腔医学杂志, 2019 (4): 438-442.

[22] 王华明. 高性能大型金属构件激光增材制造: 若干材料基础问题 [J]. 航空学报, 2014, 35 (10): 2690-2698.

[23] 江吉彬, 练国富, 许明三. 激光熔覆技术研究现状及趋势 [J]. 重庆理工大学学报 (自然科学版), 2015 (1): 27-36.

[24] 林鑫, 黄卫东. 高性能金属构件的激光增材制造 [J]. 中国科学 (信息科学), 2015, 45 (9): 1111-1126.

[25] GEBHARDT A, HÖTTER J S. Additive Manufacturing: 3D Printing for Prototyping and Manufacturing [M]. Cincinnati: Hanser Publications, 2016.

[26] 陈国庆, 树西, 张秉刚, 等. 国内外电子束熔丝沉积增材制造技术发展现状 [J]. 焊接学报, 2018 (8): 123-128.

[27] 卢振洋, 田宏宇, 陈树君, 等. 电弧增减材复合制造精度控制研究进展 [J]. 金属学报, 2020, 56 (1): 83-98.

[28] 田彩兰, 陈济轮, 董鹏, 等. 国外电弧增材制造技术的研究现状及展望 [J]. 航天制造技术, 2015 (2): 57-60.

[29] 王钰, 王凯, 丁东红, 等. 金属熔丝增材制造技术的研究现状与展望 [J]. 电焊机, 2019, 49 (1): 69-77, 123.

[30] 耿海滨, 熊江涛, 黄丹, 等. 丝材电弧增材制造技术研究现状与趋势 [J]. 焊接, 2015 (11): 17-21.

[31] TOFAIL S A M, KOUMOULOS E P, BANDYOPADHYAY A, et al. Additive manufacturing: scientific and technological challenges, market uptake and opportunities [J]. Materials Today, 2018, 21 (1): 22-37.

[32] LEE J Y, AN J, CHUA C K. Fundamentals and applications of 3D printing for novel materials [J]. Applied Materials Today, 2017, 7: 120-133.

第6章 增材制造的标准化

随着增材制造技术的快速发展，人们普遍意识到，增材制造相关标准的缺失阻碍了增材制造技术在工业界的推广应用，特别是在需要认证的行业，如航空航天、医疗等领域。由于增材制造工艺不同于传统制造工艺，针对传统制造工艺制定的很多标准并不适用于增材制造。因此，制定面向增材制造的标准是一项十分重要的工作。目前，世界各国的标准化机构都致力于解决这一问题，美国材料与试验协会（ASTM）于2009年成立了增材制造委员会ASTM F42，国际标准化组织（ISO）于2011年成立了增材制造标准化技术委员会ISO/TC 261，国际自动机工程师学会（SAE International）于2015年成立了航空航天材料增材制造委员会AMS-AM，欧盟实施了增材制造标准化支持行动（SASAM）并成立欧洲标准化组织增材制造技术委员会CEN/TC 438，德国标准化协会（DIN）设立了增材制造指导委员会NA 145-04 FBR，我国于2016年成立了全国增材制造标准化技术委员会（SAC/TC562）。

此外，欧盟于2015年发布了增材制造标准化路线图，我国于2020年发布了《增材制造标准领航行动计划（2020—2022年）》。美国制造（America Makes）与美国国家标准委员会（ANSI）于2016年3月共同成立了针对增材制造行业的标准制定机构——美国制造与ANSI增材制造标准化协会（AMSC），其目的是协调和推动制定符合利益相关方需求的增材制造标准和规范。AMSC于2018年6月发布了“增材制造标准化技术路线图（2.0版）”。该路线图分析了增材制造标准化的发展状况，并强调了目前标准化存在的差距分布在以下5个领域：

1）设计。

2）工艺和材料，包括前体材料、工艺控制、后处理和成品材料性能。

3）资格和认证。

4）无损评估。

5）维护。

由此可见，各国的标准化组织对增材制造标准的制定日益重视。

6.1 国内标准

我国增材制造标准化工作与国际上基本同时起步，但与当前全球产业发展的迅猛态势相比，我国增材制造领域仍然存在标准缺失、国际标准跟踪转化滞后、市场主体参与国内国际标准化工作程度不高等问题。当前，我国的增材制造标准化工作正在迎头赶上，2016 年成立了全国增材制造标准化技术委员会（SAC/TC562），2020 年发布了《增材制造标准领航行动计划（2020—2022 年)》。

6.1.1 初期阶段

在 20 世纪 90 年代末，全国特种加工机床标准化技术委员会（SAC/TC161）开始研究快速成形机床的产品标准。截至目前，由全国特种加工机床标准化技术委员会组织制定的现行有效的增材制造方面的标准已有 13 项，其中，强制性国家标准 3 项，推荐性国家标准 4 项，推荐性机械行业标准 6 项，见表 6-1。

表 6-1 全国特种加工机床标准化技术委员会组织制定的增材制造标准

标准号	标准名称
GB 20775—2006	熔融沉积快速成形机床　安全防护技术要求 Fused Deposition Modeling machines-Technical requirements for safeguarding
GB 25493—2010	以激光为加工能量的快速成形机床安全防护技术要求 Rapid prototyping machines by laser as processing energy-Technical requirements for safeguarding
GB 26503—2011	快速成形机床安全防护技术要求 Rapid prototyping machines-Technical requirements for safeguarding
GB/T 20317—2006	熔融沉积快速成形机床　精度检验 Fused Deposition Modeling machines-Testing of the accuracy
GB/T 20318—2006	熔融沉积快速成形机床　参数 Fused Deposition Modeling machines-Parameters
GB/T 25632—2010	快速成形软件数据接口 Data interface for software of rapid prototyping

（续）

标准号	标准名称
GB/T 14896.7—2015	特种加工机床术语第7部分：增材制造机床 Non-traditional machines-Terminology-Part 7：Additive manufacturing machines
JB/T 10624—2006	叠层实体制造快速成形机床　技术条件 Laminated object manufacturing prototyping machines-Technical requirements
JB/T 10625—2006	激光选区烧结快速成形机床　技术条件 Selective laser sintering prototyping machines-Technical requirements
JB/T 10626—2006	立体光固化激光快速成形机床　技术条件 Stereolifhography laser prototyping machines-Technical requirements
JB/T 10627—2006	熔融挤压沉积快速成形机床　技术条件 Fused Deposition Modeling machines-Technical requirements
JB/T 12460.1—2015	刚性基板喷印成形机床　第1部分：精度检验 Forming machines for printing on rigid substrate-Part 1：Testing of the accuracy
JB/T 12460.2—2015	刚性基板喷印成形机床　第2部分：技术条件 Forming machines for printing on rigid substrate-Part 2：Technical requirements

6.1.2　发展阶段

2016年4月21日，全国增材制造标准化技术委员会（SAC/TC562）在北京成立并举行一届一次会议，对口国际标准化组织增材制造技术委员会（ISO/TC261），主要负责增材制造术语和定义、工艺方法、测试方法、质量评价、软件系统及相关技术服务等领域的国家标准制修订工作。全国增材制造标准化技术委员会主任委员由中国工程院院士卢秉恒教授担任，共有委员61名。2019年1月22日，国家标准化管理委员会印发公告，正式成立全国增材制造标准化技术委员会测试方法分技术委员会（SAC/TC562/SC1），主要负责增材制造领域的专用材料、装备及成形件的特性、可靠性、安全等测试方法的国家标准制修订工作。

全国增材制造标准化技术委员会组织制定的增材制造国家标准见表6-2。这些标准统一了我国增材制造方面的基本术语和定义，给出了具有一定引领性的AMF文件格式要求，明确界定了与世界主要国家相统一的增材制造材料挤出、定向能量沉积等7大类主流工艺的分类方法，规范了增材制造零件和粉末原材料的主要特性和测试方法，以及增材制造云服务平台的术语和定义、平台与消费者之间的服务模式，规定了塑料材料粉末床熔融工艺的工艺级别、材料、试样制备、材料加工过程等内容，给出了与国际标准一致的增材制造产品设计的要求、指南和建议。此外，多项增材制造相关的国家标准正在制订和批准过程中，见表6-3。

表6-2　全国增材制造标准化技术委员会组织制定的增材制造国家标准

标 准 号	标准名称
GB/T 35351—2017	增材制造　术语 Additive manufacturing-Terminology
GB/T 35352—2017	增材制造　文件格式 Additive manufacturing-File format
GB/T 35021—2018	增材制造　工艺分类及原材料 Additive manufacturing-Process categories and feedstock
GB/T 35022—2018	增材制造　主要特性和测试方法　零件和粉末原材料 Additive manufacturing-Main characteristics and corresponding test methods-Parts and powder materials
GB/T 37461—2019	增材制造　云服务平台模式规范 Additive manufacturing-Specification for cloud service platform mode
GB/T 37463—2019	增材制造　塑料材料粉末床熔融工艺规范 Additive manufacturing-Specification for powder bed fusion of plastic materials
GB/T 37698—2019	增材制造　设计　要求、指南和建议 Additive manufacturing-Design-Requirements, guidelines and recommendations

表6-3　全国增材制造标准化技术委员会正在组织制订的增材制造标准

计 划 号	标准名称
20173698-T-604	增材制造　金属材料粉末床熔融工艺规范 Additive manufacturing-Specification for powder bed fusion process of metals
20173699-T-604	增材制造　塑料材料挤出成形工艺规范 Additive manufacturing-Specification for material extrusion process of plastic materials
20173700-T-604	增材制造　金属件热处理规范 Additive manufacturing-Specification for heat treatment of metal component
20173701-T-604	增材制造　金属材料定向能量沉积工艺规范 Additive manufacturing-Specification for directed energy deposition of metal materials
20180182-T-604	增材制造　数据处理通则 Additive manufacturing-Overview of data processing

（续）

计 划 号	标准名称
20184168-T-604	增材制造　金属件机械性能评价通则 Additive manufacturing-Evaluation guideline for mechanical properties of metal component
20184169-T-604	增材制造　材料　粉末床熔融用尼龙12及其复合粉末 Additive manufacturing-Material-Nylon12 and Its Based Composite Powders For powder bed fusion
20191939-T-604	增材制造　测试方法　标准测试件及其精度检验 Additive manufacturing-Test methods-Standard test artefacts and precision inspection
20192991-T-604	增材制造　金属粉末性能表征方法 Additive manufacturing-Methods to characterize performance of metal powders
20194025-T-604	增材制造　基础　零件采购需求 Additive manufacturing-General principles-Requirements for purchased AM parts
20194024-T-604	增材制造　术语　坐标系和测试方法 Additive manufacturing-Terminology-Coordinate systems and test methodologies
20201428-T-604	增材制造　金属粉末空心粉率检测方法 Additive manufacturing-Determination method for hollow powder rate of metal powders

全国有色金属标准化技术委员会（SAC/TC 243）组织制定的增材制造国家标准见表6-4。目前，正在组织制订多项增材制造有色金属材料相关的标准，见表6-5。

表6-4　全国有色金属标准化技术委员会组织制定的增材制造标准

标 准 号	标准名称
GB/T 34508—2017	粉床电子束增材制造TC4合金材料 Additive manufacturing with TC4 alloys powder by bed electron beam melting
YS/T 1139—2016	增材制造TC4钛合金蜂窝结构零件 TC4 titanium alloy cellular strcture parts by additive manufacturing

表 6-5　全国有色金属标准化技术委员会正在组织制订的增材制造标准

计划号	标准名称
20182013-T-610	增材制造制粉用钛及钛合金棒材 Titanium and titanium alloy bars for additive manufactural powder
20182015-T-610	增材制造用钽及钽合金粉 Tantalum and Tantalum alloy powders for additive manufacturing
20182016-T-610	增材制造用铌及铌合金粉 Niobium and Niobium alloy powders for additive manufacturing
20182017-T-610	增材制造用球形钴铬合金粉 Spherical Co-Cr alloy powder used for additive manufacturing
20182019-T-610	增材制造用钼及钼合金粉 Molybdenum and molybdenum alloy powder for addictive manufacturing
20182022-T-610	增材制造用硼化钛颗粒增强铝合金粉 TiB_2 particulate reinforced aluminum matrix composites for additive manufacturing powders
20192050-T-610	增材制造用钨及钨合金粉 Tungsten and tungsten alloy powder used for additive manufacturing
20192051-T-610	粉末床熔融增材制造镍基合金 Additive manufacturing nickel alloy with powder bed fusion
20201524-T-610	增材制造用镍粉 Nickel powder for additive manufacturing

此外，由全国生物基材料及降解制品标准化技术委员会（SAC/TC380）组织置制定了 GB/T 37643—2019《熔融沉积成形用聚乳酸（PLA）线材》，由全国自动化系统与集成标准化技术委员会（SAC/TC159）组织制订的国家标准 20181935-T-604《增材制造技术云服务平台参考体系》正在审查中。

一些增材制造相关的行业标准已经制定，如 YS/T 1139—2016《增材制造 TC4 钛合金蜂窝结构零件》、YS/T 1268—2018《选区激光熔化用镍基合金粉末》等，也有些增材制造相关的行业标准正在制订中。

有些省也制定了增材制造相关的地方标准，如江苏省发布了 DB32/T 3597—2019《增材制造 金属材料机械性能测试方法指南》、DB32/T 3598—2019《增材制造 金属激光熔化沉积制件性能要求及测试方法》、DB32/T 3599—2019《增材制造 钛合金零件激光选区熔化用粉末通用技术要求》等。

除了以上标准外，全国团体标准信息平台也发布了一些增材制造相关的团体标准，见表 6-6。

表 6-6　增材制造相关的团体标准

团体名称	标准号	标准名称	公布日期
中国医疗器械行业协会	T/CAMDI 025—2019	定制式医疗器械力学等效模型	2019-07-02
中国医疗器械行业协会	T/CAMDI 026—2019	定制式医疗器械质量体系特殊要求	2019-07-02
中国医疗器械行业协会	T/CAMDI 027—2019	匹配式人工颞下颌关节	2019-07-02
中国医疗器械行业协会	T/CAMDI 028—2019	定制式增材制造（3D 打印）医疗器械的互联网实现条件的通用要求	2019-07-02
中国医疗器械行业协会	T/CAMDI 029—2019	定制式医疗器械医工交互全过程监控及判定指标与接受条件	2019-07-02
中国医疗器械行业协会	T/CAMDI 037—2020	3D 打印钽金属临床应用标准	2020-06-18
中国医疗器械行业协会	T/CAMDI 038—2020	增材制造（3D 打印）口腔种植外科导板	2020-06-18
中国医疗器械行业协会	T/CAMDI 039—2020	生物打印医疗器械生产质量体系特殊要求	2020-06-18
中国医疗器械行业协会	T/CAMDI 040—2020	金属增材制造医疗器械生产质量管理体系的特殊要求	2020-06-18
中国医疗器械行业协会	T/CAMDI 041—2020	增材制造（3D 打印）定制式骨科手术导板	2020-06-18
中国医疗器械行业协会	T/CAMDI 042—2020	医用增材制造钽金属粉末	2020-06-18
中国医疗器械行业协会	T/CAMDI 043—2020	增材制造（3D 打印）个性化牙种植体	2020-06-18
中国医疗器械行业协会	T/CAMDI 044—2020	增材制造（3D 打印）口腔金属种植体	2020-06-18
中国医疗器械行业协会	T/CAMDI 045—2020	3D 打印金属植入物有限元分析方法	2020-06-18
中国医疗器械行业协会	T/CAMDI 046—2020	3D 打印金属植入物质量均一性评价方法及判定指标	2020-06-18
中国机械制造工艺协会	T/CAMMT 21—2019	增材制造　桌面级材料挤出成形设备	2019-08-06
中国机械制造工艺协会	T/CAMMT 22—2019	增材制造　材料挤出成形用塑料线材	2019-08-27

（续）

团体名称	标准号	标准名称	公布日期
中国机械制造工艺协会	T/CAMMT 23—2020	质量管理体系　增材制造（3D打印）服务提供商认证要求	2020-05-20
中国铸造协会	T/CFA 031103. 3—2018	铸造3D打印砂型成形单元通用技术要求	2020-03-10
中国铸造协会	T/CFA 031103. 7—2019	黏结剂喷射铸造砂型	2020-03-16
中国铸造协会	T/CFA 031103. 8—2019	铸造黏结剂喷射砂型　设计要求	2020-03-16
中国生物医学工程学会	T/CSBME 007—2019	基于增材制造的金属样件压缩性能试验方法	2019-12-16
中国生物医学工程学会	T/CSBME 008—2019	基于金属粉末床熔融技术增材制造植入医疗器械残留不溶颗粒物评价方法	2019-12-16
东莞市标准与产业融合促进会	T/DASI 005—2019	基于选择性抑制烧结技术（SIS）的金属3D打印机技术规范	2019-10-07
广东省增材制造协会	T/GAMA 01—2020	激光选区熔化金属增材制造装备与质量控制	2020-01-07
广东省增材制造协会	T/GAMA 02—2020	熔融沉积桌面型3D打印机通用技术规范	2020-01-07
广东省增材制造协会	T/GAMA 03—2020	18Ni300马氏体时效模具钢激光选区熔化增材制造工艺流程	2020-01-07
广东省增材制造协会	T/GAMA 04—2020	等离子增材复合铣削减材装备与工艺质量控制	2020-01-07
广东省增材制造协会	T/GAMA 05—2020	激光选区熔化增材制造AlSi10Mg合金	2020-01-07
广东省增材制造协会	T/GAMA 06—2020	金属3D打印过程粉末和激光使用安全规范	2020-01-07
广东省增材制造协会	T/GAMA 07—2020	增材制造　医用隔离眼罩加工及技术要求	2020-04-13
广东省增材制造协会	T/GAMA 08—2020	增材制造　镍钛合金产品的超声检验方法　液浸法	2020-05-07
中国宇航学会	T/YH 1020—2020	智能化激光选区熔化增材制造工艺参数数据接口规范	2020-06-23

不少企业制定了增材制造相关的企业标准，见表6-7。

表6-7　增材制造相关的部分企业标准

团体名称	标准号	标准名称	公布日期
江苏威拉里新材料科技有限公司	Q/320307WLL001—2019	3D打印铁基粉末	2019-04-18
	Q/320307WLL002—2019	3D打印高温合金粉末	2019-04-22
	Q/320307WLL003—2019	3D打印铝合金粉末	2019-04-22
	Q/320307WLL004—2019	3D打印钛合金粉末	2019-04-22
	Q/320307WLL103—2020	增材制造用18Ni300粉末	2020-05-12
	Q/320307WLL203—2020	增材制造用GH3536粉末	2020-05-12
	Q/320391WLL206—2020	增材制造用GH4169粉末	2020-05-29
苏州中瑞智创三维科技股份有限公司	Q/320584TZR006—2019	iSLA1900D型超大幅面超高速光固化3D打印系统　技术条件	2019-12-09
	Q/320584TZR007—2019	iSLM500D型超高行程大尺寸双振镜金属3D打印系统　技术条件	2019-12-09
威斯坦（厦门）科技有限公司	Q/40WST0012018—2018	SLA 1100双振镜双激光光固化3D打印机成型标准	2018-02-04
	Q/40WST0022018—2018	SLA1600三振镜三激光光固化3D打印机	2018-11-17
	Q/40WST0032018—2018	一种阳离子自由基混杂光固化树脂性能标准	2018-09-08
	Q/40WST0012020—2020	SLS350尼龙3D打印机	2020-05-15
	Q/40WST0022020—2020	SLM280金属3D打印机	2020-05-15
	Q/40WST0032020—2020	SLA2400DLC光固化3D打印机	2020-05-15
山东创瑞激光科技有限公司	Q/0611 SCR 001—2019	金属3D打印机	2019-04-30
	Q/0611SCR 002—2020	增材制造3D打印医用隔离眼罩技术要求	2020-03-05
安徽哈特三维科技有限公司	Q/AHHT3D 001	增材制造　气雾化制造金属粉体产品标准	2020-07-29
	Q/AHHT3D 002	增材制造　选区激光熔融　打印金属合金成品部件产品标准	2020-07-29
	Q/AHHT3D 003—2020	增材制造　选区激光熔融金属成形态缺陷评价规范标准	2020-07-30

（续）

团体名称	标准号	标准名称	公布日期
武汉滨湖机电技术产业有限公司	Q/BHJD001—2017	基于体素的增材制造文件格式 VMF	2017-12-25
	Q/BHJD002—2017	3D 打印远程控制接口规范	2017-12-25
	Q/BHJD003—2017	3D 打印用空间体积成型路径格式	2017-12-25
	Q/BHJD004—2018	3D 打印通用加工指令规范	2019-02-28
北京康普锡威科技有限公司	Q/COMPO 001—2020	增材制造用高流动性 AlSi10Mg 合金粉	2020-04-30
	Q/COMPO 002—2020	增材制造用高强铝合金粉末	2020-05-26
	Q/COMPO 003—2020	增材制造铝合金材料选区激光熔覆工艺规范	2020-06-19
	Q/COMPO 004—2020	增材制造铝合金材料热处理规范	2020-06-19
广州国光仪器有限公司	Q/GGIC 1—2019	DLP 光固化成型 3D 打印机	2019-01-25
	Q/GGIC 2—2019	DLP 光固化成型 3D 打印机	2019-01-25
	Q/GGIC 3—2018	LCD 光固化成型 3D 打印机装配标准	2018-04-20
	Q/GGIC 4—2018	Architect mini 3D 打印机装配标准	2018-04-20
宁夏共享化工有限公司	Q/GXHG KPC-F—2018	铸造 3D 喷墨打印呋喃树脂用清洗剂	2019-02-11
	Q/GXHG KPH-F—2018	铸造 3D 喷墨打印呋喃树脂用固化剂	2019-02-11
	Q/GXHG ZPC001—2017	铸造 3D 打印砂型用水基涂料	2017-08-30
大族激光科技产业集团股份有限公司	Q/HANS 071—2018	光固化面曝光 3D 打印机	2018-12-26
	Q/HANS 072—2018	激光金属 3D 打印机	2018-12-26
广东汉邦激光科技有限公司	Q/HBD M001—2018	激光增材金属粉末床熔融装备	2018-04-12
	Q/HBD M002—2018	增材制造技术模具钢粉末床熔融工艺规范	2018-05-30
	Q/HBD M003—2018	钴铬合金粉末床熔融成形工艺规范	2018-12-10

（续）

团体名称	标准号	标准名称	公布日期
渭南高新区火炬科技发展有限责任公司	Q/HJ 001—2016	超声辅助激光熔覆沉积 IN718 高温合金成形工艺	2017-06-14
	Q/HJ 002—2018	3D 打印多孔钽棒植入物	2018-03-28
	Q/HJ 003—2018	用于髋关节修复重建的个性化多孔钽臼杯植入物	2018-03-28
安徽恒利增材制造科技有限公司	Q/HL 3DP001—2018	微滴喷射无模铸造砂型 3D 打印机	2018-11-15
	Q/HL SLM001—2016	铁基、钛合金粉末激光选区熔化　金属 3D 打印机	2016-09-25
	Q/HL SLM002—2017	铁基、钛合金及铝合金粉末激光选区熔化金属 3D 打印机	2017-01-10
	Q/HL SLM003—2019	铁基、钛合金及铝合金粉末激光选区熔化　成形产品验收标准	2019-03-19
	Q/HL SLS001—2016	选择性粉末激光烧结 3D 打印机	2016-09-25
	Q/HL SLS002—2019	选择性激光烧结用尼龙粉末材料检验方法	2019-03-19
	Q/HL SLS003—2019	聚苯乙烯粉末选择性激光烧结　工艺过程	2019-03-19
	Q/HL SLS004—2019	选择性激光烧结成形产品验收标准	2019-03-19
广东省材料与加工研究所	Q/JGS 002—2017	增材制造用 GH3625 合金粉末	2017-12-26
	Q/JGS 003—2017	增材制造用 316L 不锈钢合金粉末	2017-12-26
	Q/JGS 004—2017	增材制造用 1.2709 模具钢合金粉末	2017-12-26
	Q/JGS 005—2017	增材制造用 GH3536 合金粉末	2017-12-26
	Q/JGS 006—2017	增材制造用 GH4169 合金粉末	2017-12-26
	Q/JGS 1—2019	增材制造用钴铬钼合金粉末	2019-01-16

（续）

团体名称	标准号	标准名称	公布日期
广州科苑新型材料有限公司	Q/KYXX 4—2018	用于熔融沉积式 3D 打印的聚乳酸类材料	2018-04-27
	Q/KYXX 5—2018	用于熔融沉积式 3D 打印的丙烯腈-丁二烯-苯乙烯共聚物材料	2018-05-09
	Q/KYXX 8—2018	高性能超支化 UV 低聚体材料	2018-09-14
	Q/KYXX 9—2018	光固化 3D 喷墨材料	2018-09-14
	Q/KYXX 9—2018	高流动碳纤增强无卤阻燃聚碳酸酯/丙烯腈-丁二烯-苯乙烯共聚物材料	2018-09-07
南方增材科技有限公司	Q/NFAM J004—2017	电熔增材制造材料 EAM235	2017-11-10
	Q/NFAM J006—2017	电熔增材制造材料无损检测超声检测	2017-11-16
	Q/NFAM J007—2017	电熔增材制造材料无损检测射线检测	2018-01-31
	Q/NFAM J008—2017	电熔增材制造材料无损检测渗透检测	2018-01-31
	Q/NFAM J009—2018	电熔增材制造材料无损检测磁粉检测	2018-02-01
	Q/NFAM J011—2018	电熔增材制造用 EAM08CrMo 原丝和辅剂	2018-03-20
	Q/NFAM J012—2018	电熔增材制造材料 EAM08CrMo	2018-03-20
	Q/NFAM J012—2019	电熔增材制造材料 EAM08CrMo	2020-06-18
江苏铭亚科技有限公司	Q/QB MY001—2018	FDM 工艺 3D 打印机	2018-08-13
	Q/QB MY002—2020	金属粉末激光选区熔融工艺 3D 打印机	2020-07-28
广州瑞通激光科技有限公司	Q/RT01—2019	激光选区熔化贵金属 3D 打印设备	2019-07-03
	Q/RT01—2020	银金属 3D 打印工艺技术标准	2020-05-22
	Q/RT02—2019	钛金属 3D 打印工艺技术标准	2020-05-22
苏州博理新材料科技有限公司	Q/SZBL 252510—2019	DLP 型 3D 打印机	2019-01-26
	Q/SZBL 252516—2019	SLA 型 3D 打印机	2019-06-12
	Q/SZBL 252518—2020	超高速 3D 打印机	2020-07-28

（续）

团体名称	标准号	标准名称	公布日期
贵州森远增材制造科技有限公司	Q/SY 001—2019	增材制造（3D 打印）产品	2019-11-04
	Q/SY 002—2019	轮廓失效激光增材制造设备	2019-12-18
	Q/SY 001—2020	选择性激光烧结用尼龙 12 粉末材料的检验方法	2020-01-08
	Q/SY 002—2020	选择性激光烧结用玻璃微珠增强尼龙复合粉末材料的检验方法	2020-01-08
	Q/SY 003—2020	选择性激光烧结成型产品（尼龙类）验收标准	2020-01-16
	Q/SY 004—2020	尼龙 12 粉末选择性激光烧结增材制造　工艺规范	2020-02-17
	Q/SY 005—2020	轮廓失效激光快速成型技术规范	2020-02-17
	Q/SY 006—2020	医用隔离眼罩——3D 打印护目镜	2020-03-18
	Q/SY 007—2020	3D 打印护口罩佩戴卡扣	2020-02-25
浙江闪铸三维科技有限公司	Q/SZKJ 0001—2016	DLP 型 3D 打印机	2016-02-16
	Q/SZKJ 0002—2016	FDM 型 3D 打印机	2016-02-16
	Q/SZKJ 0003—2016	FDM　3D 打印机	2016-07-27
	Q/SZKJ 0004—2016	DLP　3D 打印机	2016-07-27
	Q/SZKJ 001—2018	多喷嘴喷射三维打印机	2018-08-29
安徽拓宝增材制造科技有限公司	Q/TBKJ 102.02—2017	基于金属粉末激光选区熔化技术的 3D 打印机	2018-04-26
	Q/TBKJ 104.02—2017	316L 不锈钢粉末激光选区熔化增材制造技术条件	2017-08-30
	Q/TBKJ 104.03—2017	316L 不锈钢粉末激光选区熔化增材制造工艺规范	2017-08-30
	Q/TBKJ 104.04—2017	铝合金（AlSi10Mg）激光选区熔化技术要求	2019-03-16
	Q/TBKJ 104.05—2017	铝合金粉末激光选区熔化工艺规范	2019-03-16
	Q/TBKJ 104.06—2018	镍基高温合金（Ni718）激光选区熔化技术要求	2019-03-16

（续）

团体名称	标准号	标准名称	公布日期
安徽拓宝增材制造科技有限公司	Q/TBKJ 104.07—2018	镍基高温合金（Ni718）激光选区熔化工艺规范	2019-03-16
安徽拓宝增材制造科技有限公司	Q/TBKJ 104.08—2018	钛合金（Ti-6Al-4V）激光选区熔化技术要求	2019-03-16
安徽拓宝增材制造科技有限公司	Q/TBKJ 104.09—2018	钛合金（Ti-6Al-4V）激光选区熔化工艺规范	2019-03-16
银川西部大森数控技术有限公司	Q/WDS 002—2017	熔融沉积（FDM）工业 3D 打印机	2017-09-08
银川西部大森数控技术有限公司	Q/WDS 006—2019	金属增材制造设备　通用技术要求	2019-11-16
武汉飞能达激光技术有限公司	Q/WFED01—2018	多功能激光淬火与激光熔凝淬火、激光合金化与激光熔覆加工系统	2018-06-20
武汉飞能达激光技术有限公司	Q/WFED03—2018	激光焊接、激光-电弧复合焊接加工系统	2018-06-20
武汉飞能达激光技术有限公司	Q/WFED04—2018	电弧增材制造系统	2018-06-20
先临三维科技股份有限公司	Q/XL 011—2019	桌面型三维打印机	2019-11-26
先临三维科技股份有限公司	Q/XL 014—2019	桌面型光固化三维打印机	2019-09-25
先临三维科技股份有限公司	Q/XL 016—2020	DLP　打印材料　模型树脂 DM11	2020-03-06
先临三维科技股份有限公司	Q/XL 017—2020	DLP　打印材料　模型树脂 DM12	2020-06-04
广东银纳科技有限公司	Q/YN1—2019	增材制造用钨粉	2019-12-17
广东银纳科技有限公司	Q/YN2—2018	增材制造用钼粉	2019-12-17
佛山宇仁智能科技有限公司	Q/YRKJ J003—2019	金属增材制造材料无损检测超声检测	2019-08-21
佛山宇仁智能科技有限公司	Q/YRKJ J004—2019	金属增材制造材料无损检测渗透检测	2019-08-21
佛山宇仁智能科技有限公司	Q/YRKJ J005—2019	金属增材制造材料无损检测射线检测	2019-09-04
佛山宇仁智能科技有限公司	Q/YRKJ J006—2019	金属增材制造材料无损检测磁粉检测	2019-09-04
佛山宇仁智能科技有限公司	Q/YRKJ J007—2019	金属增材制造材料 MAM90	2019-08-21

（续）

团体名称	标准号	标准名称	公布日期
佛山宇仁智能科技有限公司	Q/YRKJ J008—2019	柴油机凸轮轴增材制造技术标准	2019-08-21
	Q/YRKJ J009—2020	金属增材制造材料 MAM63	2020-03-06
	Q/YRKJ J010—2020	金属增材制造三通管件无损检测	2020-03-06
	Q/YRKJ J011—2020	金属增材制造材料 MAM40	2020-03-06
	Q/YRKJ J012—2020	三通管件增材制造技术标准	2020-03-06
	Q/YRKJ J013—2020	金属增材制造铝合金无损检测　超声检测	2020-04-01
	Q/YRKJ J014—2020	金属增材制造材料 MAMB30	2020-04-30
广东银禧科技股份有限公司	Q/YX 8—2018	增材制造　材料　材料挤出成形用丙烯腈-丁二烯-苯乙烯（ABS）丝材	2018-08-10
	Q/YX 9—2018	增材制造　材料　材料挤出成形用聚乳酸（PLA）丝材	2018-08-10
	Q/YX 10—2018	增材制造　材料　材料挤出成形用聚碳酸　酯（PC）丝材	2018-08-10
	Q/YX 11—2018	增材制造　材料　材料挤出成形用聚醚醚酮（PEEK）丝材	2018-08-10
	Q/YX 12—2018	增材制造　材料　材料挤出成形用聚醚酰　亚胺（PEI）丝材	2018-08-10
	Q/YX 13—2018	增材制造　材料　材料挤出成形用聚乙烯　醇（PVA）水溶性支撑丝材	2018-08-10
	Q/YX 14—2018	选择性激光烧结用高性能尼龙粉末材料（SP301）	2018-09-13
	Q/YX 15—2018	选择性激光烧结用高性能碳纤维增强型尼龙粉末材料（SP305CF）	2018-09-13
	Q/YX 16—2018	选择性激光烧结用高性能玻璃微珠增强型尼龙粉末材料（SP304GF）	2018-09-13
	Q/YX 17—2018	选择性激光烧结用聚醚醚酮粉末材料（SPPEEK）	2018-09-13

（续）

团体名称	标准号	标准名称	公布日期
云南增材佳维科技有限公司	Q/YZC 001—2016	3D 打印定制手术术前诊断及教学模型	2018-06-05
	Q/YZC 002—2016	3D 打印定制骨科导板	2018-06-05
	Q/YZC 001—2020	增材制造（3D 打印）个性化骨科手术导板	2020-05-11
中科院广州电子技术有限公司	Q/ZKGD 20—2017	专业版 FDM 3D 打印机	2018-08-24
	Q/ZKGD 21—2017	教育版 FDM 3D 打印机	2018-08-24
	Q/ZKGD 22—2018	个人版 FDM 3D 打印机	2018-10-09
	Q/ZKGD 23—2018	工业级 FDM 3D 打印机	2018-10-09
	Q/ZKGD 59—2019	工业级 FDM 3D 打印机 CA-SET600	2019-01-14

6.1.3 新的阶段

为了推进我国的增材制造标准化工作，充分发挥标准对增材制造产业发展的规制和引领作用，2020 年 3 月，国家标准化管理委员会、工业和信息化部、科学技术部、教育部、国家药品监督管理局、中国工程院 6 部门联合印发了《增材制造标准领航行动计划（2020—2022 年）》。自此，我国的增材制造标准化工作进入了新的阶段。

《增材制造标准领航行动计划（2020—2022 年）》确立的四个行动原则是：标准引领、国际融合、协同发展、注重实施。

《增材制造标准领航行动计划（2020—2022 年）》确立的行动目标是：到 2022 年，立足国情、对接国际的增材制造新型标准体系基本建立；增材制造专用材料、工艺、设备、软件、测试方法、服务等领域“领航”标准数量达到 80 ~ 100 项，形成一大批具有竞争性、引领性的团体标准，标准对增材制造技术创新和产业发展的引领作用充分发挥；推动 2 ~ 3 项我国优势增材制造技术和标准制定为国际标准，增材制造国际标准转化率达到 90%，增材制造标准国际竞争力不断提升。

《增材制造标准领航行动计划（2020—2022 年）》确立的主要行动包括以下几个方面：

1）构建和完善增材制造标准体系。对标国际适用的增材制造标准化体系架构和路线图，做好基础共性、关键技术和行业应用等方面标准的顶层设计。

鼓励针对具体技术和产品制定具有引领性、竞争性的团体标准。鼓励运用综合标准化的理念和方法，成体系、成系列地提出和研制标准综合体。

2）研制一批增材制造“领航”标准。包括专用材料标准、工艺和设备标准、测试方法标准、专用软件和服务标准、特色领域应用标准。

3）加强增材制造国际标准化工作。

4）创新增材制造标准制定工作机制。

5）强化增材制造标准应用实施。

同时，为了促进《增材制造标准领航行动计划（2020—2022 年）》的实施，还提出了三项保障措施：加强组织协调、加强资金保障、加强人才培养。

6.2　国外标准

在国外，美国材料与试验协会（ASTM）、国际标准化组织（ISO）、国际自动机工程师学会（SAE International）、欧洲标准化委员会（CEN）等机构都积极致力于增材制造的标准化工作。2011 年 9 月，ASTM 主席和 ISO 秘书长签署了《合作伙伴标准开发组织协议》（Partner Standards Developing Organization，PSDO），共同开展增材制造领域的标准化工作。2013 年，ISO/TC 261 与 ASTM F42 共同发布了《增材制造标准联合制订计划》（Joint Plan for Additive Manufacturing Standards Development），该计划包含了增材制造标准的通用结构/层次结构框架。增材制造标准联合制订计划是一份动态更新的文件，由 ISO/TC 261 和 ASTM F42 定期审查和更新。2016 年 10 月，ISO/TC 261 与 ASTM F42 提出了新的增材制造标准开发框架，该框架指出可以在以下 3 个级别开发增材制造相关的标准。

（1）通用标准　通用标准是针对通用概念和通用要求，包括术语、数据格式、鉴定指南、设计指南、测试方法等而制定的标准。

（2）分类标准　分类标准是针对各大类材料（如金属粉末、陶瓷粉末、光敏树脂、聚合物粉末、金属丝材等）、7 大类工艺（包括材料挤出、光固化、材料喷射、粉末床熔融、黏结剂喷射、定向能量沉积、薄材叠层）和成品零件（如力学性能测试方法、NDE/NDT 方法、后处理方法等）而制定的标准。

（3）专用标准　专用标准是针对特定材料（如钛合金粉末、尼龙粉末等）、工艺（如尼龙的粉末床熔融、ABS 材料挤出、钛合金定向能量沉积等）和应用（如航空航天、医疗、汽车等）而制定的标准。

6.2.1　ASTM 标准

2009 年，美国材料与试验协会（ASTM）成立了专门的增材制造委员会

ASTM F42，该委员会每年举行两次会议。ASTM F42 建立了若干专业技术分委员会（technical subcommittees，TC），包括 F42.01 测试方法，F42.04 设计，F42.05 材料与工艺，F42.06 环境、健康与安全，F42.07 应用领域（涉及航空、航天、医疗、重型机械、航海、电子、建筑、石油与天然气、消费品），F42.08 数据，F42.91 术语，同时针对协会运行及与 ISO/TC 261 合作成立了 F42.90 执行委员会及 F42.95 技术协调组，具体如下：

- F42.01 Test Methods（测试方法）
- F42.04 Design（设计）
- F42.05 Materials and Processes（材料与工艺）
  - F42.05.01 Metals（金属）
  - F42.05.02 Polymers（聚合物）
  - F42.05.05 Ceramics（陶瓷）
- F42.06 Environment, Health, and Safety（环境、健康和安全）
- F42.07 Applications（应用领域）
  - F42.07.01 Aviation（航空）
  - F42.07.02 Spaceflight（航天）
  - F42.07.03 Medical/Biological（医疗/生物）
  - F42.07.04 Transportation/Heavy Machinery（运输/重型机械）
  - F42.07.05 Maritime（航海）
  - F42.07.06 Electronics（电子）
  - F42.07.07 Construction（建筑）
  - F42.07.08 Oil/Gas（油/气）
  - F42.07.09 Consumer（消费）
- F42.08 Data（数据）
- F42.90 Executive（行政）
  - F42.90.01 Strategic Planning（策略计划）
  - F42.90.02 Awards（奖励）
  - F42.90.05 Research and Innovation（研究与创新）
- F42.91 Terminology（术语）
- F42.95 US TAG to ISO TC 261

截至 2020 年 7 月，ASTM 已经发布了多项增材制造方面的标准，其中包括 ASTM F42 与 ISO/TC 261 共同制定的 12 项标准，见表 6-8。目前，ASTM F42 还在制订多项新的增材制造标准，其中 F42.01 负责 15 项，F42.04 负责 6 项，

F42.05 负责 14 项，F42.06 负责 4 项，F42.07 负责 13 项，F42.08 负责 1 项。

表 6-8　ASTM 已发布的增材制造标准

分委员会	标准号	标准名称
F42.01 Test Methods	F2971-13	Standard Practice for Reporting Data for Test Specimens Prepared by Additive Manufacturing 增材制造制备试样测试报告数据标准规程
	F3122-14	Standard Guide for Evaluating Mechanical Properties of Metal Materials Made via Additive Manufacturing Processes 增材制造工艺制造金属材料力学性能评价指南
	ISO/ASTM52902-19	Additive manufacturing-Test artefacts-Standard guideline for geometric capability assessment of additive manufacturing systems 增材制造　测试件　增材制造系统几何能力评估标准指南
	ISO/ASTM52907-19	Additive manufacturing-Feedstock materials-Methods to characterize metallic powders 增材制造　原材料　金属粉末表征方法
	ISO/ASTM52921-13 (2019)	Standard Terminology for Additive Manufacturing-Coordinate Systems and Test Methodologies 增材制造标准术语　坐标系和测试方法
F42.04 Design	ISO/ASTM52915-20	Standard Specification for Additive Manufacturing File Format (AMF) Version 1.2 增材制造文件格式（AMF）标准规范第 1.2 版
	ISO/ASTM52910-18	Additive manufacturing-Design-Requirements, guidelines and recommendations 增材制造　设计　要求、指南和建议
	ISO/ASTM52911-1-19	Additive manufacturing-Technical design guideline for powder bed fusion-Part 1: Laser-based powder bed fusion of metals 增材制造　粉末床熔融技术设计指南　第 1 部分：金属激光粉末床熔融
	ISO/ASTM52911-2-19	Additive manufacturing-Technical design guideline for powder bed fusion-Part 2: Laser-based powder bed fusion of polymers 增材制造　粉末床熔融技术设计指南　第 2 部分：聚合物激光粉末床熔融
	ISO/ASTM52922-19	Guide for Additive Manufacturing-Design-Directed Energy Deposition 增材制造指南　设计　定向能量沉积

（续）

分委员会	标准号	标准名称
F42.05 Materials and Processes	F2924-14	Standard Specification for Additive Manufacturing Titanium-6 Aluminum-4 Vanadium with Powder Bed Fusion 粉末床熔融增材制造 Ti6Al4V 标准规范
	F3001-14	Standard Specification for Additive Manufacturing Titanium-6 Aluminum-4 Vanadium ELI（Extra Low Interstitial） with Powder Bed Fusion 粉末床熔融增材制造 Ti6Al4V ELI（超低间隙）标准规范
	F3049-14	Standard Guide for Characterizing Properties of Metal Powders Used for Additive Manufacturing Processes 增材制造用金属粉末性能表征标准指南
	F3055-14a	Standard Specification for Additive Manufacturing Nickel Alloy (UNS N07718) with Powder Bed Fusion 粉末床熔融增材制造镍基合金（UNS N07718）标准规范
	F3056-14e1	Standard Specification for Additive Manufacturing Nickel Alloy (UNS N06625) with Powder Bed Fusion 粉末床熔融增材制造镍基合金（（UNS N06625）标准规范
	F3091/F3091M-14	Standard Specification for Powder Bed Fusion of Plastic Materials 塑料粉末床熔融标准规范
	F3184-16	Standard Specification for Additive Manufacturing Stainless Steel Alloy（UNS S31603） with Powder Bed Fusion 粉末床熔融增材制造不锈钢合金（UNS S31603）标准规范
	F3187-16	Standard Guide for Directed Energy Deposition of Metals 金属定向能量沉积标准指南
	F3213-17	Standard for Additive Manufacturing-Finished Part Properties-Standard Specification for Cobalt-28 Chromium-6 Molybdenum via Powder Bed Fusion 增材制造标准　最终零件性能　粉末床熔融制造 Co28Cr6Mo 标准规范
	F3301-18a	Standard for Additive Manufacturing-Post Processing Methods-Standard Specification for Thermal Post-Processing Metal Parts Made Via Powder Bed Fusion 增材制造标准　后处理方法　粉末床熔融制造金属零件的后期热处理标准规范

（续）

分委员会	标准号	标准名称
F42.05 Materials and Processes	F3302-18	Standard for Additive Manufacturing- Finished Part Properties- Standard Specification for Titanium Alloys via Powder Bed Fusion 增材制造标准 最终零件性能 粉末床熔融制造钛合金标准规范
	F3318-18	Standard for Additive Manufacturing- Finished Part Properties- Specification for AlSi10Mg with Powder Bed Fusion- Laser Beam 增材制造标准 最终零件性能 粉末床激光束熔融制造AlSi10Mg 规范
	ISO/ASTM52901-17	Standard Guide for Additive Manufacturing- General Principles- Requirements for Purchased AM Parts 增材制造标准指南 通则 增材制造零件采购要求
	ISO/ASTM52903-20	Additive manufacturing- Material extrusion- based additive manufacturing of plastic materials- Part 1：Feedstock materials 增材制造 塑料材料挤出增材制造 第 1 部分：原材料
	ISO/ASTM52904-19	Standard for Additive Manufacturing- Process Characteristics and Performance：Practice for Metal Powder Bed Fusion Process to Meet Critical Applications 增材制造标准 工艺特征和性能 满足苛刻条件应用的金属粉末床熔融工艺规程
F42.91 Terminology	ISO/ASTM52900-15	Standard Terminology for Additive Manufacturing- General Principles- Terminology 增材制造标准术语 通则 术语

6.2.2 ISO 标准

国际标准化组织（ISO）于 2011 年成立了 ISO/TC 261 增材制造标准化技术委员会。其工作范围是：在增材制造（AM）领域内进行标准化工作，涉及相关工艺、术语和定义、过程链（硬件和软件）、试验程序、质量参数、供应协议和所有的基础共性技术。ISO/TC 261 成立几个月后就与 ASTM F42 签署合作协议，共同开展增材制造技术领域的标准化工作。

截至 2020 年 7 月，ISO/TC 261 已经发布了 15 项国际标准，除了表 6-8 中 ISO/ASTM 共同制定的标准外，另外几项 ISO 早期单独制定的标准正在重新评估或替换过程中，包括 ISO 17296-2：2015、ISO 17296-3：2014、ISO 17296-

4：2014 和 ISO 27547-1：2010。

目前，ISO 与 ASTM 正在合作制订多项国际标准，见表 6-9。需要说明的是，ISO 开发新标准或修订标准时按照以下过程进行：首先由 ISO 成员团体中被提名的专家组成起草小组，并由起草小组草拟工作草案（WD）。当这些草案标准成熟了，再经过委员会草案（CD）阶段（在此阶段，草案在 ISO 成员中流传以获取分析和评价）、国际标准草案（DIS）阶段和最终版国际标准草案（FDIS）阶段。

表 6-9　ISO 与 ASTM 正在合作制订的增材制造标准

标准号	名称
ISO/ASTM DIS 52900	Additive manufacturing- General principles- Fundamentals and vocabulary 增材制造　通则　基础和术语
ISO/ASTM AWI 52902	Additive manufacturing- Test artifacts- Geometric capability assessment of additive manufacturing systems 增材制造　测试制品　增材制造系统几何能力评估
ISO/ASTM FDIS 52903-2	Additive manufacturing- Standard specification for material extrusion based additive manufacturing of plastic materials- Part 2：Process Equipment 增材制造　塑料材料挤出增材制造标准规范　第 2 部分：工艺设备
ISO/ASTM CD 52903-3	Additive manufacturing- Standard specification for material extrusion based additive manufacturing of plastic materials- Part 3：Final parts 增材制造　塑料材料挤出增材制造标准规范　第 3 部分：最终产品
ISO/ASTM DTR 52905	Additive manufacturing- General principles- Non- destructive testing of additive manufactured products 增材制造　通则　增材制造产品无损检测
ISO/ASTM CD TR 52906	Additive manufacturing- Non- destructive testing and evaluation- Standard guideline for intentionally seeding flaws in parts 增材制造　无损检测和评估　零件预埋缺陷标准指南
ISO/ASTM AWI 52908	Additive manufacturing- Post- processing methods- Standard specification for quality assurance and post processing of powder bed fusion metallic parts 增材制造　后处理方法　粉末床熔融金属零件质量保证和后处理标准规范
ISO/ASTM AWI 52909	Additive manufacturing- Finished part properties- Orientation and location dependence of mechanical properties for metal powder bed fusion 增材制造　最终零件性能　粉末床熔融金属零件力学性能与方向和位置的相关性

（续）

标　准　号	名　　称
ISO/ASTM CD TR 52912	Additive manufacturing- Design- Functionally graded additive manufacturing 增材制造　设计　功能梯度型增材制造
ISO/ASTM WD 52916	Additive manufacturing- Data formats- Standard specification for optimized medical image data 增材制造　数据格式　优化医学图像数据标准规范
ISO/ASTM WD 52917	Additive manufacturing- Round Robin Testing- Guidance for conducting Round Robin studies 增材制造　循环对比测试　循环对比测试研究指南
ISO/ASTM CD TR 52918	Additive manufacturing- Data formats- File format support, ecosystem and evolutions 增材制造　数据格式　文件格式支持、生态系统和演化
ISO/ASTM WD 52919-1	Additive manufacturing- Test method of sand mold for metalcasting- Part 1: Mechanical properties 增材制造　金属铸造砂型测试方法　第 1 部分：力学性能
ISO/ASTM WD 52919-2	Additive manufacturing- Test method of sand mold for metalcasting- Part 2: Physical properties 增材制造　金属铸造砂型测试方法　第 2 部分：物理性能
ISO/ASTM WD 52920-2	Additive manufacturing- Qualification principles- Part 2: Requirements for industrial additive manufacturing sites 增材制造　鉴定原则　第 2 部分：工业增材制造场所要求
ISO/ASTM DIS 52921	Additive manufacturing- General principles- Standard practice for part positioning, coordinates and orientation 增材制造　通则　零件定位、坐标系及方向标准规程
ISO/ASTM DIS 52924	Additive manufacturing- Qualification principles- Classification of part properties for additive manufacturing of polymer parts 增材制造　鉴定原则　聚合物零件增材制造性能分类
ISO/ASTM DIS 52925	Additive manufacturing processes- Laser sintering of polymer parts/laser-based powder bed fusion of polymer parts- Qualification of materials 增材制造工艺　聚合物零件激光烧结/聚合物零件激光粉末床熔融　材料鉴定
ISO/ASTM WD 52926-1	Additive manufacturing- Qualification principles- Part 1: Qualification of machine operators for metallic parts production 增材制造　鉴定原则　第 1 部分：金属零件生产设备操作人员鉴定

（续）

标 准 号	名　称
ISO/ASTM WD 52926-2	Additive manufacturing- Qualification principles- Part 2: Qualification of machine operators for metallic parts production for PBF- LB 增材制造　鉴定原则　第 2 部分：PBF- LB 金属零件生产设备操作人员鉴定
ISO/ASTM WD 52926-3	Additive manufacturing- Qualification principles- Part 3: Qualification of machine operators for metallic parts production for PBF- EB 增材制造　鉴定原则　第 3 部分：PBF- EB 金属零件生产设备操作人员鉴定
ISO/ASTM WD 52926-4	Additive manufacturing- Qualification principles- Part 4: Qualification of machine operators for metallic parts production for DED- LB 增材制造　鉴定原则　第 4 部分：DED- LB 金属零件生产设备操作人员鉴定
ISO/ASTM WD 52926-5	Additive manufacturing- Qualification principles- Part 5: Qualification of machine operators for metallic parts production for DED- Arc 增材制造　鉴定原则　第 5 部分：DED- Arc 金属零件生产设备操作人员鉴定
ISO/ASTM WD TS 52930	Guideline for Installation- Operation- Performance Qualification (IQ/OQ/PQ) of laser- beam powder bed fusion equipment for production manufacturing 安装指南　操作　激光粉末床熔融生产制造设备的安装、操作及性能鉴定（IQ/OQ/PQ）
ISO/ASTM CD 52931	Additive manufacturing- Environmental health and safety- Standard guideline for use of metallic materials 增材制造　环境、健康与安全　金属材料使用标准指南
ISO/ASTM CD 52932	Additive manufacturing- Environmental health and safety- Standard test method for determination of particle emission rates from desktop 3D printers using material extrusion 增材制造　环境、健康与安全　桌面级材料挤出 3D 打印机颗粒排放率的标准测试方法
ISO/ASTM WD 52933	Additive manufacturing- Environment, health and safety- Consideration for the reduction of hazardous substances emitted during the operation of the non- industrial ME type 3D printer in workplaces, and corresponding test method 增材制造　环境、健康和安全　减少非工业区域中 ME 型 3D 打印机排放有害物质的考虑及相关测试方法

（续）

标 准 号	名　　称
ISO/ASTM WD 52935	Additive manufacturing- Qualification principles- Qualification of coordinators for metallic parts production 增材制造　鉴定原则　金属零件生产协调员鉴定
ISO/ASTM WD 52936-1	Additive manufacturing- Qualification principles- Laser- based powder bed fusion of polymers- Part 1: General principles, preparation of test specimens 增材制造　鉴定原则　聚合物激光粉末床熔融　第 1 部分：通则，试样制备
ISO/ASTM DIS 52941	Additive manufacturing- System performance and reliability- Standard test method for acceptance of powder- bed fusion machines for metallic materials for aerospace application 增材制造　系统性能和可靠性　航空航天用金属材料粉末床熔融机床验收的标准试验方法
ISO/ASTM FDIS 52942	Additive manufacturing- Qualification principles- Qualifying machine operators of metal powder bed fusion machines and equipment used in aerospace applications 增材制造　鉴定原则　航空航天用金属粉末床熔融机床和设备操作人员资格鉴定
ISO/ASTM DIS 52950	Additive manufacturing- General principles- Overview of data processing 增材制造　通则　数据处理概述

6.2.3　CEN 标准

2015 年 7 月，欧洲标准化委员会（CEN）成立了增材制造技术委员会 CEN/TC 438。其主要目标和重点是标准化增材制造（AM）过程、生产链、测试程序、环境问题、质量参数、供应协议以及一些基本术语。国际标准化组织增材制造技术委员会（ISO/TC 261）、欧洲标准化组织增材制造技术委员会（CEN/TC 438）与美国材料与试验协会增材制造技术委员会（ASTMF 42）达成协议，共同构建和执行同一套增材制造标准体系，制定和实施同一套技术标准。

6.2.4　SAE 标准

航空航天工业是增材制造技术研究和应用的前沿领域，为该领域的增材制造技术制定公共标准是当务之急。2015 年 7 月，位于美国宾夕法尼亚州 Warrendale 的国际自动机工程师学会成立了航空航天材料增材制造委员会（AMS-

AM），AMS-AM 负责编制和维护与增材制造相关的航空航天材料和工艺规范标准，以及相关的技术报告。AMS-AM 由来自全球飞行器、航天器、发动机原始设备制造商、材料供应商、运营商、设备系统供应商、服务供应商、监管机构、防务部门的350 多名代表组成。2018 年6 月，该委员会发布了首批增材制造材料和工艺规格的航空航天材料标准，此后发布了若干项标准，见表6-10。另有多项标准正在制订中，见表6-11。

表6-10 国际自动机工程师学会已发布的增材制造标准

标准号	标准名称
AMS4999A	Titanium Alloy Direct Deposited Products 6Al-4V Annealed 退火 Ti6Al4V 钛合金直接沉积制件
AMS7000	Laser-Powder Bed Fusion（L-PBF）Produced Parts, Nickel Alloy, Corrosion and Heat-Resistant, 62Ni-21.5Cr-9.0Mo-3.65Nb Stress Relieved, Hot Isostatic Pressed and Solution Annealed 消除应力、热等静压和固溶退火 62Ni-21.5Cr-9.0Mo-3.65Nb（IN625）耐腐蚀耐高温镍基合金激光粉末床熔融（L-PBF）成形零件
AMS7001	Nickel Alloy, Corrosion and Heat-Resistant, Powder for Additive Manufacturing, 62Ni-21.5Cr-9.0Mo-3.65Nb 增材制造用 62Ni-21.5Cr-9.0Mo-3.65Nb（IN625）耐腐蚀耐高温镍基合金粉末
AMS7002	Process Requirements for Production of Metal Powder Feedstock for Use in Additive Manufacturing of Aerospace Parts 航空航天零件增材制造用金属粉末原材料生产工艺要求
AMS7003	Laser Powder Bed Fusion Process 激光粉末床熔融工艺
AMS7004	Titanium Alloy Preforms from Plasma Arc Directed Energy Deposition Additive Manufacturing on Substrate Ti6Al4V Stress Relieved 基板上等离子弧定向能量沉积增材制造去应力 Ti6Al4V 钛合金
AMS7005	Wire Fed Plasma Arc Directed Energy Deposition Additive Manufacturing Process 等离子弧熔丝定向能量沉积增材制造工艺
AMS7007	Electron Beam Powder Bed Fusion Process 电子束粉末床熔融工艺
AMS7008	Nickel Alloy, Corrosion and Heat-Resistant, Powder for Additive Manufacturing, 47.5Ni-22Cr-1.5Co-9.0Mo-0.60W-18.5Fe 增材制造用 47.5Ni-22Cr-1.5Co-9.0Mo-0.60W-18.5Fe（Hastelloy X）耐腐蚀耐高温镍基合金粉末

（续）

标准号	标准名称
AMS7010	Wire Fed Laser Directed Energy Deposition Additive Manufacturing Process (L-DED-wire) 激光熔丝定向能量沉积增材制造工艺
AMS7012	Precipitation Hardenable Steel Alloy, Corrosion and Heat-Resistant Powder for Additive Manufacturing 16.0Cr-4.0Ni-4.0Cu-0.30Nb 增材制造用 16.0Cr-4.0Ni-4.0Cu-0.30Nb 耐腐蚀耐高温沉淀硬化钢合金粉末
AMS7013	Nickel Alloy, Corrosion and Heat-Resistant, Powder for Additive Manufacturing, 60Ni-22Cr-2.0Mo-14W-0.35Al-0.03La 增材制造用 60Ni-22Cr-2.0Mo-14W-0.35Al-0.03La（Haynes 230）耐腐蚀耐高温镍基合金粉末
AMS7014	Titanium Alloy, High Temperature Applications, Powder for Additive Manufacturing, Ti-6.0Al-2.0Sn-4.0Zr-2.0Mo 增材制造用 Ti-6.0Al-2.0Mo-4.0Zr-2.0Sn（Ti6242）高温钛合金粉末
AMS7018	Aluminum Alloy Powder 10.0Si-0.35Mg 铝合金粉末 10.0Si-0.35Mg（AlSi10Mg）
AMS7100	Fused Filament Fabrication, Process Specification for 熔丝成形工艺规范
AMS7101	Fused Filament Fabrication, Material for 熔丝成形材料
AIR7352	Additively Manufactured Component Substantiation 增材制造部件验证

表 6-11　国际自动机工程师学会正在制订的增材制造标准

标准号	标准名称
AMS7000A	Laser-Powder Bed Fusion (L-PBF) Produced Parts, Nickel Alloy, Corrosion and Heat-Resistant, 62Ni-21.5Cr-9.0Mo-3.65Nb Stress Relieved, Hot Isostatic Pressed and Solution Annealed 消除应力、热等静压和固溶退火 62Ni-21.5Cr-9.0Mo-3.65Nb（IN625）耐腐蚀耐高温镍基合金激光粉末床熔融（L-PBF）成形零件
AMS7002A	Process Requirements for Production of Metal Powder Feedstock for Use in Additive Manufacturing of Aerospace Parts 航空航天零件增材制造用金属粉末原材料生产工艺要求

（续）

标准号	标准名称
AMS7003A	Laser Powder Bed Fusion Process 激光粉末床熔融工艺
AMS7006	Alloy 718 Powder IN 718 合金粉末
AMS7009	Additive Manufacturing of Titanium 6Al4V with Laser-Wire Deposition-Annealed and Aged 激光熔丝沉积增材制造退火和时效态 Ti6Al4V
AMS7010A	Wire Fed Laser Directed Energy Deposition Additive Manufacturing Process (L-DED-wire) 激光熔丝定向能量沉积增材制造工艺（L-DED-熔丝）
AMS7011	Additive manufacturing of aerospace parts from T-6Al-4V using the Electron Beam powder bed fusion (EB-PBF) process 电子束粉末床熔融（EB-PBF）增材制造 Ti6Al4V 航空零件
AMS7012A	Precipitation Hardenable Steel Alloy, Corrosion and Heat-Resistant Powder for Additive Manufacturing 16.0Cr-4.0Ni-4.0Cu-0.30Nb 增材制造用 16.0Cr-4.0Ni-4.0Cu-0.30Nb 耐腐蚀耐高温沉淀硬化钢合金粉末
AMS7015	Ti6Al4V, Powder For Additive Manufacturing 增材制造用 Ti6Al4V 粉末
AMS7016	Laser-Powder Bed Fusion (L-PBF) Produced Parts, 17-4PH H1025 Alloy 激光粉末床熔融（L-PBF）生产 17-4PH H1025 合金零件
AMS7017	Titanium 6-Aluminum 4-Vanadium Powder for Additive Manufacturing, ELI Grade 增材制造用 Ti6Al4V 超低间隙（ELI）粉末
AMS7020	Aluminum Alloy Powder, F357 Alloy F357 铝合金粉末
AMS7021	Stainless Steel Powder, 15-5PH Alloy 15-5PH 不锈钢粉末
AMS7022	Binder Jetting Process 黏结剂喷射工艺
AMS7023	Gamma Titanium Aluminide Powder for Additive Manufacturing, Ti-48Al-2Nb-2Cr 增材制造用 Ti-48Al-2Nb-2Cr 粉末
AMS7024	Inconel 718 L-PBF Material specification IN 718 合金激光粉末床熔融（L-PBF）材料规范

（续）

标 准 号	标 准 名 称
AMS7025	Metal Powder Feedstock Size Classifications for Additive Manufacturing 增材制造金属粉末原材料尺寸分级
AMS7026	Powder Titanium 5553 Ti-5553 粉末
AMS7027	Electron Beam Wire Fusion Process 电子束熔丝工艺
AMS7028	Laser-Powder Bed Fusion（L-PBF）Produced Parts, Titanium Alloy, Ti-6Al-4V Stress Relieved, and Hot Isostatic Pressed 激光粉末床熔融（L-PBF）成形的去除应力、热等静压 Ti6Al4V
AMS7029	Cold Metal Transfer Directed Energy Deposition（CMT-DED）Process 冷金属过渡定向能量沉积（CMT-DED）工艺
AMS7030	Laser-Powder Bed Fusion（L-PBF）Produced Parts of AlSi10Mg 激光粉末床熔融（L-PBF）成形 AlSi10Mg 零件
AMS7031	Process Requirements for Recovery and Recycling of Metal Powder Feedstock for Use in Additive Manufacturing of Aerospace Parts 航空航天零件增材制造用金属粉末原材料回收再利用工艺要求
AMS7032	Additive Manufacturing Machine Qualification 增材制造设备鉴定
AMS7033	Aluminum Alloy Powder A205（AlCuTiBAgMg） A205 铝合金粉（AlCuTiBAgMg）
AMS7100/1	Fused Filament Fabrication-Stratasys Fortus 900 mc Plus with Type 1, Class 1, Grade 1, Natural Material Stratasys Fortus 900 mc plus 熔丝挤出制造，1 类，1 型，1 级，天然材料
AMS7101/1	Fused Filament Fabrication Feedstock-Type 1, Class 1, Group 1, Grade 1, F1.75, Natural 熔丝挤出制造原材料　1 类，1 型，1 组，1 级，F1.75，天然
AMS7102	High Performance Laser Sintering Process for Thermoplastic Parts for Aerospace Applications 航空航天用热塑性塑料零件高性能激光烧结工艺
AMS7103	Material for High Performance Laser Sintering 高性能激光烧结材料
GAAM-M20A	Aluminum Alloy Powder Template 铝合金粉末规范模板

（续）

标 准 号	标 准 名 称
GAAM-M20B	Cobalt, Iron, or Nickel Alloy Powder Template 钴、铁或镍合金粉末规范模板
GAAM-M20C	Titanium Powder Template 钛粉末规范模板

6.2.5 DIN 和 VDI 标准

德国在增材制造技术及设备研究方面一直走在世界前列，德国标准化协会（DIN）与德国工程师协会（VDI）针对增材制造技术的发展与应用制定了相关的标准。德国标准化协会设立了增材制造指导委员会 NA 145-04 FBR，下属的委员会包括：

- NA 145-04-01 AA 增材制造-跨学科主题/数字化。
- NA 145-04-01-01 GAK 增材制造-NWT & NIA 联合工作组-数字化。
- NA 145-04-02 GA 增材制造-NWT & NAS 联合工作委员会-金属。
- NA 145-04-02-01 GAK 增材制造-NWT/NAM/NAS/FNCA/NAA/NARD 联合工作组：采用增材制造方法制造压力设备和组件。

NA 145-04-02-02 GAK 增材制造-NWT/NL/NAS 联合工作组：航空航天增材制造。该工作组已经发布和正在制订的航空航天领域增材制造标准，见表 6-12 和表 6-13。

- NA 145-04-03 GA 增材制造-NWT & FNK 联合工作委员会：塑料 & 弹性体。

表 6-12　德国标准化协会发布的航空航天领域增材制造标准

标 准 号	标 准 名 称
DIN 35224	Welding for aerospace applications-Acceptance inspection of powder bed based laser beam machines for additive manufacturing 航空航天焊接　增材制造粉末床激光设备验收检查
DIN 35225	Welding for aerospace applications-Qualification testing of operators for powder bed based laser beam machines for additive manufacturing 航空航天焊接　增材制造粉末床激光设备操作人员鉴定测试
DIN 65122	Aerospace series-Powder for additive manufacturing with powder bed process-Technical delivery specification 航空航天系列　粉末床增材制造用粉末　技术规范

（续）

标 准 号	标 准 名 称
DIN 65123	Aerospace Series- Methods for inspection of metallic components, produced with additive powder bed fusion processes 航空航天系列　粉末床熔融增材制造金属零件检测方法
DIN 65124	Aerospace series- Technical specifications for additive manufacturing of metallic materials with the powder bed process 航空航天系列　粉末床熔融增材制造金属材料技术规范

表 6-13　德国标准化协会正在制订的航空航天领域增材制造标准

标 准 号	标 准 名 称
DIN 17024-1	Additive manufacturing- Process characteristics and performance- Part 1: Energy deposition using wire and laser in aerospace applications 增材制造　工艺特征和性能　第 1 部分：航空航天用激光熔丝能量沉积
DIN 17024-2	Additive manufacturing- Process characteristics and performance- Part 2: Energy deposition using wire and arc in aerospace applications 增材制造　工艺特征和性能　第 2 部分：航空航天用电弧熔丝能量沉积
DIN 17024-3	Additive manufacturing- Process characteristics and performance- Part 3: Standard specification for directed energy deposition using powder and laser in aerospace applications 增材制造　工艺特征和性能　第 3 部分：航空航天用激光送粉定向能量沉积标准规范
DIN EN 4879	Aerospace Series- Metallic Materials- Mechanical Properties of Products Produced by Additive Manufacturing 航空航天系列　金属材料　增材制造制件的力学性能

德国工程师协会制定了标准 VDI 3405，涵盖了增材制造零部件的设计、制造以及评估的相关因素，并定义了其应用范围；该标准详细指明了制造过程中的术语及定义，主要针对涉及的制造过程基本原则；该标准还包含相关的质量参数，详细说明了原件测试和供应协议制订的规则，以及安全相关、环境相关的内容，见表 6-14。

表 6-14　德国工程师协会发布和正在制订的增材制造标准

标 准 号	标 准 名 称
VDI 3405	Additive manufacturing processes, rapid manufacturing-Basics, definitions, processes 增材制造工艺　快速制造　基础、定义、工艺
VDI 3405 Blatt 1	Additive manufacturing processes, rapid manufacturing-Laser sintering of polymer parts-Quality control 增材制造工艺　快速制造　聚合物零件激光烧结　质量控制
VDI 3405 Blatt 1. 1	Additive manufacturing processes-Laser sintering of polymer parts-Qualification of materials 增材制造工艺　聚合物零件激光烧结　材料鉴定
VDI 3405 Blatt 2	Additive manufacturing processes, rapid manufacturing-Beam melting of metallic parts-Qualification, quality assurance and post processing 增材制造工艺　快速制造　金属零件束流熔融　鉴定、质量保证和后处理
VDI 3405 Blatt 2. 1	Additive manufacturing processes, rapid manufacturing-Laser beam melting of metallic parts; Material data sheet aluminium alloy AlSi10Mg 增材制造工艺　快速制造　金属零件激光束熔融　铝合金 AlSi10Mg 材料数据表
VDI 3405 Blatt 2. 2	Additive manufacturing processes-Laser beam melting of metallic parts-Material data sheet nickel alloy material number 2. 4668 增材制造工艺　金属零件激光束熔融　镍合金 2. 4668 材料数据表
VDI 3405 Blatt 2. 3	Additive manufacturing processes, rapid manufacturing-Beam melting of metallic parts-Characterisation of powder feedstock 增材制造工艺　快速制造　金属零件束流熔融　粉末原料的表征
VDI 3405 Blatt 2. 4	Additive manufacturing processes-Laser powder bed fusion of metal (L-PBF-M) parts-Material data sheet titanium alloy Ti6Al4V grade 5 增材制造工艺　金属零件激光粉末床熔融（L-PBF-M）　5 级 Ti6Al4V 钛合金材料数据表
VDI 3405 Blatt 2. 6	增材制造工艺　金属零件激光粉末床熔融　成形特征统计验证
VDI 3405 Blatt 2. 7	增材制造工艺　金属零件激光粉末床熔融　生产环境和工作流程
VDI 3405 Blatt 3	Additive manufacturing processes, rapid manufacturing-Design rules for part production using laser sintering and laser beam melting 增材制造工艺　快速制造　激光烧结和激光束熔融零件的设计规则
VDI 3405 Blatt 3. 2	Additive manufacturing processes-Design rules-Test artefacts and test features for limiting geometric elements 增材制造工艺　设计规则　限定几何元素的测试件和测试特性

（续）

标 准 号	标 准 名 称
VDI 3405 Blatt 3. 4	Additive manufacturing processes- Design rules for part production using material extrusion processes 增材制造工艺　材料挤出工艺的零件设计规则
VDI 3405 Blatt 3. 5	Additive manufacturing processes, rapid manufacturing- Design rules for part production using electron beam melting 增材制造工艺　快速制造　电子束熔融零件的设计规则
VDI 3405 Blatt 4. 1	Additive manufacturing processes- Amendment to ISO/ASTM DIS 52903-1: Material extrusion of polymer parts- Filament characterization 增材制造工艺　修订 ISO/ASTM DIS 52903-1：聚合物零件材料挤出　丝材特性
VDI 3405 Blatt 5. 1	Additive manufacturing- Legal aspects of the process chain 增材制造　工艺链的法律问题
VDI 3405 Blatt 6. 1	Additive manufacturing processes- User safety on operating the manufacturing facilities- Laser beam melting of metallic parts 增材制造工艺　生产设施操作使用安全　金属零件激光熔融
VDI 3405 Blatt 6. 2	Additive manufacturing processes; User safety on operating the manufacturing facilities; Laser sintering of polymers 增材制造工艺　生产设施操作使用安全　聚合物零件激光烧结
VDI 3405 Blatt 7	Additive manufacturing processes- Quality grades for additive manufacturing of polymer parts 增材制造工艺　增材制造聚合物零件的质量等级
VDI 3405 Blatt 8. 1	Additive manufacturing processes- Design rules- Parts using ceramic materials 增材制造工艺　设计指南　陶瓷材质零件

参考文献

[1] 国家标准化管理委员会. 关于印发《增材制造标准领航行动计划（2020-2022 年）》的通知 [EB/OL]. (2020-4-24). http://www.sac.gov.cn/gzfw/zxtz/.

[2] 王应，于志三. 增材制造机床产品标准体系的构建 [J]. 电加工与模具，2016 (2): 67-69.

[3] 李来平，危荃. 国内外增材制造技术标准研究 [J]. 中国标准化，2019 (S1): 81-85.

[4] 国家标准化管理委员会. 全国标准信息公共服务平台 [EB/OL]. (2020-4-24). http://std.samr.gov.cn.

[5] 国家标准化管理委员会. 全国团体标准信息平台 [EB/OL]. (2020-7-4). http://www.ttbz.org.cn/Home/Standard.
[6] 国家标准化管理委员会. 企业标准信息公共服务平台 [EB/OL]. (2020-7-30). http://www.qybz.org.cn/.
[7] ASTM. Committee F42 on Additive Manufacturing Technologies [EB/OL]. (2020-7-4). https://www.astm.org/COMMITTEE/F42.htm.
[8] ISO. Technical committees ISO/TC 261 Additive manufacturing [EB/OL]. (2020-7-4). https://www.iso.org/committee/629086.html.
[9] CEN. CEN/TC 438 Additive Manufacturing [EB/OL]. (2020-7-4). https://www.cen.eu/work/sectors/digital_society/pages/advancedmanufacturing.aspx.
[10] SAE International. AMS AM Additive Manufacturing Metals [EB/OL]. (2020-7-4). https://www.sae.org/servlets/works/documentHome.do? comtID = TEAAMSAM-M.
[11] SAE International. AMS AM Additive Manufacturing Non-Metallic [EB/OL]. (2020-7-4). https://www.sae.org/servlets/works/documentHome.do? comtID = TEAAMSAM-P.
[12] DIN. NA 145-04 FB Section Additive Manufacturing [EB/OL]. (2020-7-4). https://www.din.de/en/getting-involved/standards-committees/nwt/national-committees/wdc-grem:din21:135437062.
[13] VDI. The Association of German Engineers [EB/OL]. (2020-7-4). https://www.vdi.de/en/home.

第7章 3D打印技术的应用

随着3D打印技术的快速发展，其应用领域日益拓宽，各种3D打印的物品不断问世，如3D打印的火箭零部件、3D打印的汽车零部件、3D打印的人体植入物、3D打印的建筑等。许多国家将3D打印技术列为国家战略技术发展的重要方向。例如：美国将增材制造技术列为国家制造业的首要战略任务；我国在2015年8月召开国务院座谈会，专门讨论3D打印技术的发展与振兴中国制造业的关系，将发展3D打印技术推向了前所未有的高度。

2017年，我国制定了《增材制造产业发展行动计划（2017—2020年）》，提出了推进增材制造在以下几个领域的规模化应用：①航空、航天、船舶、核工业、汽车、电力装备、轨道交通装备、家电、模具、铸造等在内的重点制造领域；②医疗领域；③文化领域；④教育领域。本章将对3D打印在相关领域的一些应用情况进行介绍。

7.1 3D打印在制造领域的应用

3D打印技术的柔性好，灵活性高，尤其适于复杂零件的制造。3D打印在制造领域的应用主要包括航空、航天、汽车等领域。

7.1.1 航空领域

运用3D打印技术，能够缩短新型航空装备的研发周期，减轻航空零件的重量，提高材料的利用率，降低制造成本，减少燃料消耗，具有良好的经济效益和社会效益。

1. 航空发动机方面

航空发动机被誉为“现代工业皇冠上的明珠”，涉及大量前沿学科和基础学科，直接影响飞机的性能、可靠性及经济性，已成为一个国家科技、工业和国防实力的重要体现。目前，全球范围内能生产高性能航空发动机的企业屈指可数。

随着3D 打印技术的快速发展，航空发动机制造正在与 3D 打印进行创新性结合。实践证明，将3D 打印技术应用于飞机发动机零部件的生产，能有效缩短发动机研发周期，提高材料利用率，优化结构，减轻重量，降低成本。

数据显示，美国的通用电气（GE）、普拉特·惠特尼（P&W）和英国的罗尔斯·罗伊斯（Rolls Royce）这三家航空发动机制造厂商占据了全球70%的市场份额。作为世界上最大的综合性动力和设备制造商，GE 公司在多款航空发动机的制造中大量应用了 3D 打印技术。2010 年，GE 航空成立增材制造部门，此后 GE 在多款航空发动机的零件制造方面大量应用了 3D 打印技术。

2015 年 2 月，GE 公司 3D 打印的 T25 传感器壳体得到了美国联邦航空管理局（FAA）的认证，成为 GE 航空首个获得认证的3D 打印金属零部件。

GE 公司与法国 Snecma 公司合资成立的 CFM 公司开发了 LEAP 发动机。该发动机采用了 3D 打印的燃油喷嘴，已广泛应用于空客 A320neo、波音 737 MAX 飞机及我国的 C919 等客机。

GE Catalyst 是世界上第一台采用 3D 打印组件的涡轮螺旋桨发动机（ATP）。它将传统工艺制造的 855 个零件简化为 12 个 3D 打印的部件，如中框组件由传统制造中的 300 个零件简化为 1 个 3D 打印部件。此外，固定流路部件、集油槽、热交换器、燃烧器衬套、排气机匣及轴承座都采用 3D 打印技术制造。零件数量的减少极大地提高了生产率，发动机的重量减少了 5%，燃油效率提升 20%。

GE 公司开发的涡轮风扇发动机 GE9X 是世界最大的商用航空发动机，为波音 777X 系列飞机提供动力引擎。其中 7 个部件、304 个零件采用 3D 打印技术制造，包括燃料喷嘴、T25 传感器外壳、热交换器、粒子分离器、低压涡轮（LPT）叶片、燃烧室混合器等。通过 3D 打印技术，减少了整体发动机重量，降低了燃油消耗和运营成本。

GE 公司开发的涡轮轴发动机 T901-GE-900 用于美军的黑鹰（Black Hawks）和阿帕奇（Apaches）直升机，其中使用了大量的 3D 打印零件。GE 采用一体式设计使得发动机中零部件的数量显著减少，如 T901 中的某个 3D 打印零件，其原来的设计方式是由 50 多个子部件组装而成的。

2018 年 11 月 1 日，GE 公司宣布，美国联邦航空管理局已批准 3D 打印支架用于波音 747-8 机型的 GEnx-2B 发动机。该支架将取代传统制造的电动门打开系统支架，其作用是打开和关闭发动机的风扇罩门，由选区激光熔化设备生产，如图7-1所示。

图7-1　3D打印的支架

图7-2所示为GE公司3D打印的F110喷气式发动机的油底壳盖，该发动机在F-15和F-16飞机上都有使用。

图7-2　3D打印的F110喷气式发动机的油底壳盖

2015年6月，罗尔斯·罗伊斯公司与英国制造技术中心、谢菲尔德大学和Arcam公司合作，利用3D打印生产了Trent XWB-97发动机的钛合金前轴承座。该组件直径达$\phi1.5$m，是有史以来最大的民用航空发动机单个组件，其中包含的48个叶片组件也采用3D打印技术生产。此外，罗尔斯·罗伊斯公司在多款发动机中采用了3D打印技术。

2. 飞机零部件方面

国产大飞机C919的研制过程采用了多个3D打印的零部件，如前机身和中后机身的登机门、服务门及前后货舱门等。中央翼缘条零件是金属3D打印技术的在航空领域的应用典型。其最大尺寸为3070mm，最大变形量小于

0.8mm；整个力学性能通过飞机厂商的测试，其材料性能、结构性能、零件取样性能、大部段强度全部满足 C919 飞机的设计要求，包括疲劳性能在内的综合性能，也略优于传统锻件技术。如果采用传统制造方法，此零件需要采用超大吨位的压力机锻造而成，不但费时费力，而且浪费原材料。金属 3D 打印技术的使用，在很大程度上缩短了我国大飞机的研制，使研制工作得以顺利进行。

公开资料显示，我国歼 15、歼 16、歼 20、歼 31 等战斗机都使用 3D 打印技术。其中，歼 31 采用了 100 多个 3D 打印的零件，是我国第一架采用 3D 打印制造一体化机翼与机身中部的战斗机。

美国波音公司、欧洲空中客车公司等国际飞机制造厂商，在其生产的多款飞机中使用着越来越多的 3D 打印飞机零部件。比如，波音公司已经生产了有数万件 3D 打印的飞机零部件，空中客车公司的 A350 客机中 3D 打印的零部件超过 1000 个。

7.1.2 航天领域

1. 国内发展情况

2020 年，我国在航天领域的 3D 打印方面取得突破性进展。2020 年 5 月 8 日 13 时 49 分，我国新一代载人飞船试验船返回舱在东风着陆场预定区域成功着陆。新一代载人飞船试验船不仅完成了我国首次 3D 打印太空试验，还搭载多个 3D 打印的零部件。其中，直径达 ϕ4m 的返回舱防热大底框架结构，全部采用金属 3D 打印工艺制造。该结构由航天五院总体部设计，鑫精合激光科技发展有限公司承担 3D 打印工作，成功实现了减轻重量、缩短周期、降低成本等目标。此外，还搭载了世界首个基于金属 3D 打印技术的立方星部署器。西安铂力特增材技术股份有限公司制造的金属 3D 打印部署器重量仅为传统机械加工产品的一半，加工周期从过去的几个月缩短为一周，大幅度降低了设计重量，提高了结构强度。此次试验船还搭载了北京星驰恒动科技发展有限公司研制的金属 3D 打印产品 60 余件，涉及三维点阵类轻质材料结构产品、复杂形状金属件产品等多种类型。此次发射采用长征五号 B 运载火箭，其中包含了中国航天科技集团一院 211 厂研制的全 3D 打印芯级捆绑支座。捆绑支座是连接火箭芯级和助推器的关键零部件，3D 打印的捆绑支座整体综合性能达到锻件水平，且比原设计减重 30%。

我国多个卫星都采用了 3D 打印技术。2018 年 5 月 21 日，嫦娥四号中继星“鹊桥”在西昌卫星发射中心成功发射，实现了我国 3D 打印部件的在轨应用。2018 年 7 月，高分十一号卫星由长征四号乙运载火箭发射成功，该卫星同样搭载有 3D 打印的产品。2019 年 8 月发射的千乘一号 01 微小卫星是目前国际首个基于 3D 打印点阵的整星结构，整星结构零部件数量缩减为 5 件，设计及制造周期缩短至 1 个月。2019 年 9 月发射的资源一号 02D 卫星也采用了 3D 打印制造的拓扑优化斜装动量轮支架和直装动量轮支架。2019 年 12 月 20 日，长征四号乙运载火箭在太原卫星发射中心，成功执行“一箭九星”任务。其中，中巴地球资源 04A 卫星搭载粉末床激光熔融制造的拓扑优化蒙皮点阵结构，“天琴一号”技术试验卫星搭载分别由粉末床激光熔融和激光同步送粉技术制造的钛合金结构板框架。2019 年 12 月 27 日，长征五号运载火箭将实践二十号卫星送入预定轨道。该卫星搭载了采用粉末床激光熔融技术制造的铝合金小型拓扑优化支架。

2. 国外发展情况

美国国家航空航天局（NASA）在 2012 年启动了增材制造验证机（additive manufacturing demonstrator engine，AMDE）计划。在火箭发动机制造领域，3D 打印技术的应用越来越普遍。例如：埃隆·马斯克（Elon Musk）旗下的美国太空探索技术公司（SpaceX）采用 3D 打印技术，制造了 Super Draco 发动机推进器燃烧室；火箭制造商阿丽亚娜（Ariane）集团研发的新一代火箭发动机普罗米修斯（Prometheus），采用了吉凯恩公司 3D 打印的火箭喷嘴；亚马逊创始人 Jeff Bezos 拥有的航空航天公司蓝色起源（Blue Origin）采用 3D 打印技术，制造了新一代液氧甲烷燃料富氧分级燃烧循环火箭发动机 BE-4 的壳体、涡轮、喷嘴、转子；商业太空技术公司火箭实验室（Rocket Lab）开发的小型卫星专用运载火箭 Electron 所搭载的 Rutherford（卢瑟福）发动机，主要采用金属 3D 打印技术制造；航空喷气洛克达因公司（Aerojet Rocketdyne）采用 3D 打印技术，制造了火箭发动机 AR-1、RS-25、RL10C-X 等。

目前，世界各国在火箭、卫星等航天器的设计和制造过程中，越来越多地采用 3D 打印的一体化零部件。

7.1.3　汽车领域

3D 打印在汽车行业的应用从早期的概念模型到功能原型再到功能零部件，而且不断渗透到发动机等核心零部件领域，应用领域不断拓宽，应用前景日益广阔。根据 SmarTech 的报告，2018 年全球 3D 打印汽车市场为 14.56 亿美元，2023 年将达到 52.37 亿美元，到 2028 年更有望达到 124 亿美元。

各大汽车厂商对 3D 打印投入了极大的热情，宝马、通用、奔驰、本田、福特、大众及吉利等企业都围绕3D 打印进行了积极探索。

宝马集团应用3D 打印技术的历史已经超过25 年。在过去10 年中，他们已经生产了超过100 万个3D 打印的汽车零部件。仅在2018 年，宝马集团3D 打印的零部件就超过20 万个。2018 年5 月，宝马集团投资1000 余万欧元在德国建立全新的增材制造研发和生产中心。

福特公司很早就致力于将3D 打印应用于汽车零部件的制造，拥有多个3D 打印实验室，打印车内按钮、旋钮、发动机罩等零部件。2018 年12 月，福特公司投资4500 万美元建立先进制造中心，与包括HP、EOS、Stratasys 在内的多家3D 打印企业展开合作，探索和利用新技术来改进汽车的生产。

2018 年12 月，大众汽车在沃尔夫斯堡的生产工厂开设了先进的3D 打印中心，开始转向大规模定制，目标是每年制造超过10 万个3D 打印零部件。

Daimler 公司与德国EOS、Premium Aerotec 公司从2017 年开始建立合作关系，开展NextGenAM（下一代增材制造）项目。该项目旨在开发新一代全数字化的增材制造生产线，使其能够为汽车和航空航天部门经济高效地生产零部件。

通用公司与Autodesk 公司合作，共同为通用公司的新能源汽车开发全新的、轻量化的3D 打印零部件。通用公司希望在2023 年之前，在全球产品线上增加20 款全新纯电动车和燃料电池车，并通过3D 打印实现零部件的大规模生产。

2014 年秋天，在美国芝加哥的IMTS 展览会上，美国橡树岭国家实验室、辛辛那提公司和美国洛克汽车公司合作展示了名为Strati 的3D 打印电动敞篷跑车。Strati 汽车车身由短切碳纤维增强ABS 塑料制成，采用熔融沉积成形方法用44h 打印而成。

全球首款3D 打印超级跑车“Blade”由美国Divergent Microfactories（DM）公司推出，配有720hp（537kW）的发动机。“Blade”汽车使用铝合金和太空级别的碳纤维3D 打印后组装而成，质量仅为102lb（46kg）。

轮毂制造商HRE Wheels 与GE 公司的增材制造团队开展“HRE 3D +”项目，开发新型的钛合金3D 打印赛车轮毂，如图7-3 所示。轮毂的传统生产方法是使用CNC 加工，需要通过切削过程去除了80% 的材料，而3D 打印方法制造这款新轮毂仅有5% 的材料废弃率。

7.1.4 其他制造领域

（1）船舶领域　3D 打印技术可用于船舶备件供应领域，尤其是远洋油轮、远海航行或作战军船的备件，开展舰载3D 打印技术。此外，3D 打印技术还可用于船模、螺旋桨、汽轮机机组涡轮叶片等领域。

（2）核工业领域 3D 打印在核工业领域的应用不断取得突破。美国西屋电气公司在 Exelon Byron 1 号核电站中，安装了 3D 打印的顶针堵漏装置，这是全球首次商业核反应堆使用 3D 打印部件。美国能源部橡树岭国家实验室（ORNL）通过 3D 打印技术开发出一个核反应堆堆芯原型，其最终目标是用更少的部件制造出一个先进的、全尺寸的 3D 打印反应堆。瑞典 3D 打印公司 Additive Composite 和 Add North 3D 发布了新型的名为 Addbor N25 的碳化硼长丝复合材料，由碳化硼和共聚酰胺基质组成，该复合材料适用于核工业中的辐射屏蔽。

图 7-3 3D 打印的赛车轮毂

（3）轨道交通领域 为了满足轨道交通装备轻量化、定制化、个性化的需要，越来越多的轨道交通装备生产企业已开始探索新的零部件设计和制造方法，如采用拓扑优化技术对轨道交通装备零部件进行设计优化，再采用 3D 打印技术完成零部件的制造过程。3D 打印具有无模化制造、自由成形、全数字化制造的优势，能够很好地满足未来轨道交通装备制造业的需求，具有很大的应用潜力。

（4）模具领域 3D 打印技术在模具方面的应用，包括间接制造模具和直接制造模具。间接制造模具是利用 3D 打印制造原型件，再通过不同的工艺方法翻制模具，如硅橡胶模具、石膏模具、环氧树脂模具、砂型模具等。直接制造模具是利用 3D 打印工艺制造软质模具或硬质模具。国内外很多公司将 3D 打印技术应用于注射模型芯和型腔的制造，尤其是 3D 打印注射模随型冷却通道的应用越来越多，突破了传统模具加工的技术瓶颈，提高了成形件的质量和生产率。除了用于直接制造注射模，3D 打印技术还可直接制造压铸、挤出、热冲压等金属模具。

（5）家电领域 在家电领域，各大制造商也采用了 3D 打印技术。1995 年，海尔公司就率先利用 3D 打印技术直接制作零部件模型，为家电新产品研发提供服务。2012 年底，海尔公司成立了专门的 3D 打印团队。格力电器在几年前也成立了 3D 技术研究中心。

7.2 3D 打印在医疗领域的应用

3D 打印在医疗领域的应用日益增多，在齿科、骨科、药品、生物组织等领域已有很多应用案例。

7.2.1 骨科领域

骨科 3D 打印产品可分为术前产品和术中植入物。术前产品包括术前解剖模型和手术导板，技术门槛较低。

3D 打印技术在骨科术中植入物领域已有很多应用，如 3D 打印的颅骨、下颌骨、肩胛骨、胸骨、脊柱笼、髋臼杯、膝关节等，均已在临床手术中获得应用。3D 打印植入物可以生成多孔结构，使植入物与骨骼之间能够更好地贴合，同时多孔的表面有利于骨组织的渗入生长。我国多家医院都成立了 3D 打印中心，并将 3D 打印的骨科植入物用于治疗复杂的骨科疾病。

骨科医疗植入物属于三类医疗器械，国家药品监督管理局（NMPA）对其实行生产许可证和产品注册制度。此类产品须经过严格的临床试验过程和审批流程，取得产品注册证需要较长的周期。爱康医疗是中国骨科植入物行业的领军企业，开发的 3D 打印钛合金骨小梁多孔髋臼杯（见图 7-4）、3D 打印人工椎体、3D 打印脊柱椎间融合器先后通过 NMPA 审批，获得了医疗器械注册证。2019 年 7 月，嘉思特华剑医疗器材（天津）有限公司研发的 3D 打印髋关节植入物产品通过 NMPA 审批。

目前，美国食品药品监督管理局（FDA）已经批准了多种 3D 打印植入物，如美国 K2M 公司的金属 3D 打印脊柱植入物，SI-BONE 公司的 3D 打印钛金属骶髂关节，知名 3D 打印骨骼植入物公司 4WEB 医疗推出的 3D 打印横向脊柱桁架系统，德国医疗器械公司 EIT 推出的 3D 打印 CellularTitanium 脊柱支撑植入物，Stryker 公司的 3D 打印钛合金椎间融合器等。

图 7-4　3D 打印的钛合金骨小梁多孔髋臼杯

定制化 3D 打印植入物在标准化 3D 打印植入物的基础上更进一步，针对每个患者的实际情况进行定制化生产，能够更好地满足患者的个性化需要。3D 打印植入物能够实现较低的定制成本，引起了多家企业和医疗机构的关注。其中，成立于 2004 年的美国 Conformis 公司是定制化 3D 打印植入物领域的领先者，陆续推出定制化膝关节、全置换定制化膝关节和定制化髋关节等。尽管定制化 3D 打印植入物有诸多优点，但目前其成本与标准化 3D 打印植入物相比仍然较高。2020 年 1 月 1 日，国家药品监督管理局发布的《定制式医疗器械监督管理规定（试行）》正式实施，这将极大促进我国 3D 打印定制化骨科植入物技术在临床中的应用和发展。

7.2.2　其他医疗领域

3D 打印在口腔种植方面的应用主要包括制作常规形态的种植牙和制作个性化种植牙。目前，一些企业推出了专门针对牙科应用的 3D 打印机。

3D 打印可以提供个性化、定制化药物，满足不同患者的个性化需求。2016 年，Aprecia Pharmaceutic 公司生产的全球首个 3D 打印处方药 Spritam（主要用于治疗癫痫病）正式上市。

在 3D 打印的人工器官方面，一些大型制药公司正在借助于 3D 打印的人工器官进行新药的毒性测试和药物筛选，从而加快新药推向市场的步伐。用人体细胞 3D 打印的组织，能准确反映化学和生物药物在人体内的药理活性，对药物筛选有重要意义。

在抗击新冠肺炎的战疫中，3D 打印“大显身手”，在紧急响应物资短缺问题上的作用有目共睹，已被用于生产呼吸机适配器、鼻咽拭子、护目镜、防护面罩、口罩等多种医疗部件。其中，鼻咽拭子采样是目前新冠病毒检查的重要方式，检测拭子也因此成为目前最需要的医疗用品之一。多家企业参与了鼻咽拭子的 3D 打印。Carbon 与多家医疗机构合作，设计和制造具有晶格结构的新型鼻咽拭子结构。Formlabs、HP、Markforged 等公司都采用 3D 打印技术进行鼻咽拭子的大批量生产。

7.3　3D 打印在其他一些领域的应用

7.3.1　服饰领域

服饰是装饰人体的物品总称，包括服装、鞋、帽、袜子、手套、围巾、领带、配饰、包、伞等。随着社会的发展，人们对于新事物的认识不断进步，服饰的材质、款式也日益多样化，3D 打印在服饰领域的应用日益广泛。

3D 打印在鞋类的生产方面有着巨大的应用空间，阿迪达斯（Adidas）、耐克（Nike）、新百伦（New Balance）、安德玛（Under Armour）、锐步（Reebok）等公司都在运动鞋生产中采用了 3D 打印技术。例如，Adidas 使用 Carbon 数字光合成技术生产带有聚氨酯中底的跑鞋，Nike 使用 Prodways 公司的 SLS 技术和 TPU 热塑性聚氨酯材料开发新型的 3D 打印中底，New Balance 与 3D Systems 公司合作推出带有 3D 打印 TPU 弹性中底的 Zante Generate 跑鞋。在我国的运动鞋品牌中，匹克、李宁、安踏等公司都在从事 3D 打印技术的研究。2019 年，匹克公司发布全 3D 打印运动鞋产品 Future Fusion，该鞋采用 SLS 技术制造镂空的鞋底结构，采用 FDM 技术制作全 3D 打印鞋面。李宁公司则推出了完全个人定制化的 3D 打印运动鞋。

此外，3D 打印技术可以帮助人们生产定制化的眼镜，包括定制化的镜架和定制化的镜片。通过 3D 打印技术，消费者能够获得适合自己脸型和特性的定制化镜架，以及适合自己视力状况的定制化镜片。目前，一些眼镜制造商，如 Monoqool、Protos、Safilo、Seiko、Hoet 等纷纷涉足 3D 打印眼镜的制造。

7.3.2 建筑领域

近年来，3D 打印建筑在国内外建筑界引起广泛关注。2013 年 1 月，荷兰建筑设计师 Janjaap Ruijssenaars 和艺术家 Rinus Roelofs 设计出了全球第一座 3D 打印建筑物——莫比乌斯环屋。2014 年，盈创建筑科技（上海）有限公司使用一台高 6.6m、宽 10m 的建筑打印机，在 24h 内打印出 10 幢 1～2 层的毛坯房，所使用的材料由水泥、沙子和纤维等制成。2016 年 5 月，全球首座 3D 打印的办公室在阿联酋迪拜落成，该建筑的各个部件由一台高 6m、长 36m、宽 12m 米的巨型 3D 打印机制造，然后在现场进行拼装。2019 年 10 月，装配式混凝土 3D 打印赵州桥在河北工业大学落成，是世界上第一座装配式 3D 打印的桥梁，也是世界上单跨最长的混凝土 3D 打印桥梁，单跨 18.04m，如图 7-5 所示。2019 年 11 月，中建二局广东建设基地打印完成了一栋 7.2m 高的双层办公楼主体结构，如图 7-6 所示。该建筑采用原位打印，即现场直接将主体打印成形，无须二次拼装，是世界首例原位打印双层建筑，这标志着原位 3D 打印技术在建筑领域取得突破性进展。美国 3D 打印设备制造商 Apis Cor 在迪拜 3D 打印出了 2 层楼高的行政大楼，大楼高 9.5m，总建筑面积为 640m^2，是目前面积最大的 3D 打印建筑，如图 7-7 所示。

目前，我国建筑 3D 打印方面的相关行业组织已经成立，国内外的业务交流活动日益活跃。我国第一个建筑 3D 打印领域的行业组织——中国混凝土与水泥制品协会 3D 打印分会于 2018 年成立。中国建筑技术中心编制了《混凝土 3D 打印技术规程》。首届建筑 3D 打印国际会议于 2018 年 11 月在澳大利亚墨尔本举行，由河北工业大学和同济大学联合主办的第二届建筑 3D 打印国际会议于 2019 年 10 月在天津举行。

7.3.3 食品领域

3D 食物打印机是可以把食物打印出来的机器。它使用的不是墨盒，而是

图7-5　装配式混凝土3D打印赵州桥

图7-6　全球首例3D打印双层示范建筑

图7-7　3D打印的迪拜政府大楼

把食物的材料和配料预先放入容器内，然后以一定的速度将食品挤出，通过层层堆积，形成所需的食物。用于3D打印的食材通常为糊状，包括巧克力、面糊、蔗糖、土豆泥、乳制品、果酱、肉酱等。通过不同营养成分的合理搭配，可以 3D 打印出满足不同消费者需求的个性化、定制化食品。

在过去的几年中，3D 打印食物技术已经取得了快速的发展，一些组织和公司开始投入时间和资源来开发 3D 打印食物。2012 年，英国 Choc Edge 公司开发了世界第一台商业化的巧克力 3D 打印机 Choc Creator。随后英国 Choc Edge 公司与其合作伙伴武汉巧意科技有限公司合作开发出了第二代巧克力 3D 打印机 Choc Creator 2.0，主要面向巧克力和糖果行业的专业人士。2014 年年初，3D Systems 公司与著名巧克力品牌好时公司合作，开发了全新的单色桌面食物 3D 打印机 ChefJet 和全彩多口味食物 3D 打印机 ChefJet Pro 3D，可以打印巧克力、糖果等食品。2015 年成立的荷兰 byFlow 公司是全球食品 3D 打印市场的领先企业之一，推出了多功能、高便携的多材料 3D 打印机 Focus，通过更换打印头，可以进行塑料、陶瓷、食品等材料的 3D 打印，易于使用和携带。我国一些 3D 打印企业也推出了若干 3D 食品打印机。

3D 打印食品可以满足不同人群的需要：对于有咀嚼或消化问题的特定人群，如老年人、病人等，可以帮助他们打印出较软的饭菜，并实现精准的营养配比；对于长期在外太空执行任务的宇航员，3D 打印可以帮助他们解决饮食和营养问题；通过对不同个体的健康指标进行检测，能够建立不同个体所需的营养配方表，然后 3D 打印出满足人体健康营养需要的独特食品。

参考文献

[1] 王广春. 3D 打印技术及应用实例. 北京：机械工业出版社，2016.
[2] 周伟民，闵国全. 3D 打印技术. 北京：科学出版社，2016.
[3] 姚俊峰，张俊，阙锦龙，等. 3D 打印理论与应用. 北京：科学出版社，2017.

第 8 章

3D 打印技术的发展

3D 打印技术在快速发展，从早期的快速原型制造到现在的增材制造，从打印聚合物到打印金属、陶瓷，再到打印生物活性材料，从 3D 打印到 4D 打印（智能材料和结构的打印），再到 5D 打印（生命体的打印）。本章将对 3D 打印技术的一些发展方向进行讨论。

8.1 金属 3D 打印

金属 3D 打印是目前 3D 打印领域极其重要的发展方向，在航空航天、生物医疗、模具、汽车等领域有着日益广泛的应用。金属 3D 打印也是个比较宽泛的概念，包含了多种打印工艺和打印原材料。从整体上可将金属 3D 打印分为两类：第一类是包括粉末床熔融（如 SLM、EBM）、定向能量沉积（如 LENS）等技术的直接金属 3D 打印；第二类是包括黏结剂喷射、熔融挤出金属等需要后处理加热除去黏结剂并烧结的间接金属 3D 打印。

8.1.1 直接金属 3D 打印

在 3D 打印技术的发展过程中产生了若干种直接金属 3D 打印工艺，本书已在第 5 章进行了比较详细的介绍。这些工艺可以从不同的角度进行划分：从原材料形态看，有粉末、丝材、片材；从能源类型看，有激光束、电子束、电弧/等离子弧、摩擦、超声波等。

1）采用金属粉末作为原材料的直接金属 3D 打印技术，包括选区激光熔化（SLM）、电子束熔化（EBM）、激光近净成形（LENS）等。

2）采用金属丝材作为原材料的直接金属 3D 打印技术，包括电子束熔丝沉积成形（EBF）、电弧增材制造（WAAM）、激光熔丝增材制造（LWAM）等。

3）采用片材作为原材料的直接金属 3D 打印技术包括超声增材制造、摩擦搅拌增材制造（friction stir additive manufacturing，FSAM）等。

8.1.2 间接金属 3D 打印

近年来，间接金属 3D 打印技术越来越受到国内外同行的关注，以 Markforged、Desktop Metal、HP、GE 等公司为代表的企业已经认识到间接金属 3D 打印技术的巨大潜力，在资本和技术方面进行了大量的投入。顾名思义，间接金属 3D 打印过程所获得的金属零件并不是最终的金属零件，还需要通过后续的高温热处理过程将金属零件中的化学物质去除，从而获得致密的金属零件。与直接金属 3D 打印相比，间接金属 3D 打印的突出优点是能够以较低的成本快速进行金属物体的打印。2018 年，《麻省理工科技评论》评选出“2018 年度全球十大突破性技术”，其中就包括实用型 3D 金属打印，指的就是以间接金属 3D 打印技术为代表的低成本快速金属 3D 打印。

相比于激光束、电子束等直接金属 3D 打印设备，间接金属 3D 打印技术所采用的设备价格相对较低，打印速度可以大幅度提高。目前，间接金属 3D 打印技术大致可以分为以下几类：

1）金属丝材沉积技术，如 MarkForged Metal X 的原子扩散增材制造技术、Desktop Metal Studio 的结合金属沉积技术等。

2）材料/黏结剂喷射技术，如 Desktop Metal Shop 和 Production 的单通道喷射技术、HP Metal Jet 技术、ExOne 黏结剂喷射技术等。

3）光固化间接金属 3D 打印技术。

2017 年，Markforged 公司推出了间接金属 3D 打印机 Metal X，采用了 Markforged 独有的原子扩散增材制造（atomic diffusion additive manufacturing，ADAM）技术。Metal X 所用的材料是由金属粉末、蜡和树脂混合拉成的线材，组分比（质量比）为 60∶20∶20。其打印过程如下：

1）设计过程：打印之前，模型在自带的软件中先放大，用来补偿烧结完成之后工件产生的收缩。

2）打印过程：喷头挤出金属基线材进行逐层打印。

3）烧结过程：打印完成后，将部件清洗去除多余的蜡、树脂黏结剂，然后在炉中进行烧结固化。

由于烧结过程是一种整体性的烧结，通过原子扩散技术能够让金属晶体“穿过”黏结层，所以该技术保证了零件各方向具有一致的强度，生产的打印件强度较高，能直接应用于工业领域。与传统的金属3D打印相比，Metal X具有如下优点：

1）打印速度快。

2）相比传统直接金属3D打印，该技术的打印成本较低。

3）零件表面质量较好，有别于传统直接金属3D打印表面的粗糙感。

4）设备体积较小。

5）打印材料种类较多（包括17-4不锈钢、303不锈钢、A-2工具钢、D-2工具钢、6061铝合金、7075铝合金、Inconel 625、Ti 6Al 4V。）

2017年5月，美国Desktop Metal公司推出DM Studio和DM Production金属3D打印系统。DM Studio以金属基丝材为原材料，采用的技术名为结合金属沉积（bound metal deposition，BMD）。打印过程中，金属基丝材被送入电感式加热管熔化成为金属液，并利用静电力/磁场等作用控制喷嘴流出金属液滴的表面张力，在压力等作用下将金属液滴沉积在成形平台上进行3D打印。DM Studio打印系统还配套有一台溶解黏结剂的脱脂器和一台烧结炉。打印完成后，金属件需要用这两台设备进行脱脂和烧结处理才能最终成形。DM Studio能打印上百种金属，打印速度可达16cm^3/h，层厚可达50μm，成形尺寸是300mm×200mm×200mm。DM Studio没有使用激光和金属粉末，使用安全性好，可以在办公室中使用。DM production适用于批量生产。该系统采用单通道喷射（single pass jetting，SPJ）技术，以金属粉末为原材料，采用黏结剂喷射方式进行打印。打印过程包括金属粉末铺粉、铺粉辊压实、黏结剂喷射、高温烧结等过程，打印速度可达12000cm^3/h，可满足批量生产的需要。2019年，Desktop Metal公司又推出了用于加工车间进行单件小批量生产的金属打印系统DM Shop。该系统采用单通道喷射技术，打印机中超过70000个喷嘴以近10 kHz的频率喷射，每秒可喷射出6.70亿个1pL大小的黏结剂液滴，具有很高的分辨率。

2018年的国际制造技术展（IMTS）上，惠普公司发布了专为生产金属零件而研发的惠普金属打印技术——HP Metal Jet。HP Metal Jet打印的工艺原理如图8-1所示。采用体素级黏结剂喷射技术，先将粉末铺在平台上，然后通过热喷墨打印头在粉末床的精确位置选择性地喷射黏结剂，黏结剂通过毛细作用力浸入粉末间隙，使金属粉末结合在一起。打印完一层后，平台下降一个层的厚度，再添加新的粉末层。重复以上过程，直到完成整个原型件的打印。打印结束后，将原型件放入炉中烧结，黏结剂在烧结过程中分解和蒸发，金属颗粒固化后得到形状致密的金属工件。生成的金属工件还需要进行加工，如机械加工、抛光等，以满足尺寸和表面粗糙度的要求。HP Metal Jet 打印机共有 3 个打印头，每个打印头能够形成 108mm 宽的打印带。打印头包括两个独立的结构，每个结构拥有 5280 个喷嘴。3 个打印头交错布置，形成 320mm 宽的打印带。打印机每秒可以将高达 6.3 亿个纳克级别的液体黏结剂滴到粉末床上，以逐层打印出零件的横截面。HP Metal Jet 打印的首款材料是不锈钢，成形尺寸为 430mm × 320mm × 200mm。

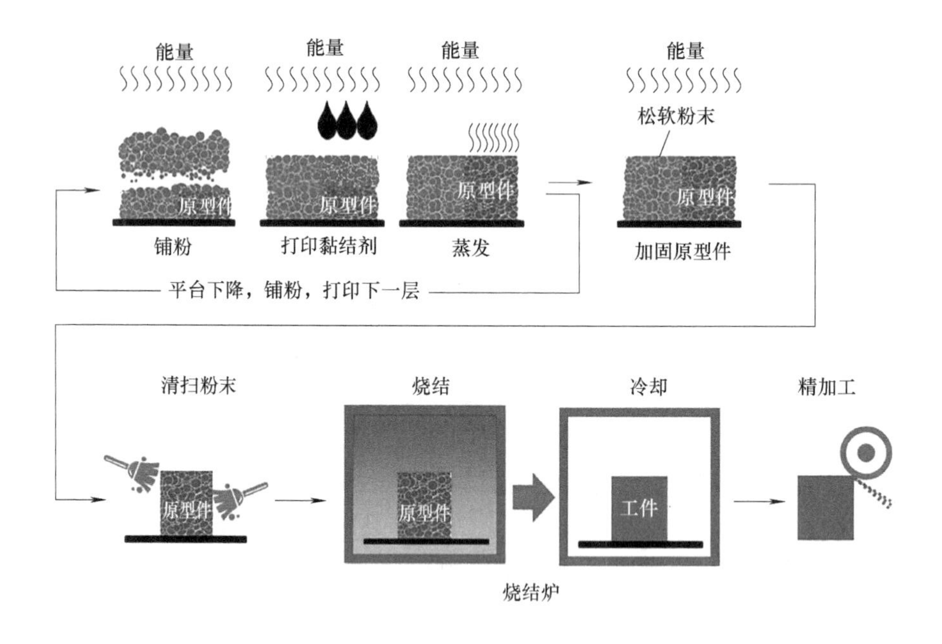

图 8-1　HP Metal Jet 打印的工艺原理

此外，以色列 Xjet 公司开发的纳米颗粒喷射技术也属于间接金属 3D 打印技术。我国不少团队进行间接金属 3D 打印的研发，如武汉易制科技有限公司开发了 Easy3DP-M 系列金属喷印成形设备，深圳升华三维科技有限公司基于粉末挤出打印（powder extrusion printing，PEP）技术开发了间接金属 3D 打印机 UPS240 系列等，深圳市纵维立方科技有限公司发布了可打印 316L 不锈钢材料的桌面级金属 3D 打印机 4Max Metal 等。部分间接金属 3D 打印设备见表 8-1。

表 8-1　部分间接金属 3D 打印设备

生产商	型号	技术	机器尺寸（长×宽×高）/mm	成形尺寸（长×宽×高）/mm	层厚/mm	打印速度/(cm^3/h)	成形材料
Markforged	Metal X	原子扩散增材制造	575×467×1120	300×220×180	0.05～0.125		不锈钢、工具钢、镍合金、钛合金、铝合金、铜
Desktop Metal	Studio System	结合金属沉积	948×823×529	300×200×200	最高 0.05	16	不锈钢、中碳钢、工具钢、铜、铬镍铁合金
	Shop system	单通道喷射	1994×762×1626	350×222×200	0.04～0.1		
	Production system			750×330×250		12000	
HP	Metal Jet	惠普金属打印技术		430×320×200	0.05～0.1		不锈钢等
ExOne	Innovent +	ExOne 黏结剂喷射技术	1203×1016×1434	160×65×65	0.03～0.2	166	不锈钢、镍合金、工具钢、钴铬合金、铜、碳化钨、陶瓷、复合材料
	X1 25PRO		2300×1800×2300	400×250×250	0.03～0.2	3600	
	X1 160PRO			800×500×400	0.03～0.2	10000	

（续）

生产商	型号	技术	机器尺寸（长×宽×高）/mm	成形尺寸（长×宽×高）/mm	层厚/mm	打印速度/(cm^3/h)	成形材料
ExOne	M-Flex	ExOne 黏结剂喷射技术	1675×1400×1855	400×250×250	0.05～0.2	1600	砂、金属、陶瓷、复合材料
XJet	Carmel 700M	纳米颗粒喷射成形技术		500×140×200	微米级		
	Carmel 1400M			500×280×200	微米级		
Digital Metal	DMP2500	黏结剂喷射技术	2900×1000×1700	203×180×69	0.042	100	不锈钢、钛合金、DM247、DM625
武汉易制科技有限公司	Easy3DP-M4500	高速多射流单道喷射成形	1380×1157×1510	450×220×300	0.05～0.2		铁基材料、铝镁合金、钛合金
	Easy3DP-M5500		1829×1253×1450	550×550×400	0.05～0.2		
深圳升华三维科技有限公司	UPS240S	粉末挤出打印技术	760×740×850	240×240×180	0.05～0.3		不锈钢、钛合金、铝合金、铜合金、钨合金等

8.2　陶瓷 3D 打印

陶瓷材料具有强度高、密度低、尺寸稳定性和化学稳定性好、耐磨性和耐蚀性高等许多特性。陶瓷 3D 打印可用于航空航天、汽车、化工、电气、环保、医疗等多个领域。陶瓷 3D 打印的方法较多，包括光固化成形、分层实体制造、熔融沉积成形、喷墨打印、3DP、选区激光熔化、选区激光烧结、浆料直写成形等。通过 3D 打印技术得到特定形状结构的陶瓷坯体后，其力学性能还很差，还需要对陶瓷坯体进行清洗、表面增强、修复、干燥、脱脂、烧结等一系列后处理过程，才能得到最终的陶瓷产品。

8.2.1　液体陶瓷浆料的光固化技术

陶瓷材料的 3D 打印技术正在快速发展，几类主流的技术都有所应用。在陶瓷 3D 打印技术中，光固化是发展和推广最快的技术之一，所使用的原材料是陶瓷浆料。陶瓷浆料又称陶瓷墨水，由陶瓷粉末、液体有机物和各种添加剂混合制成。光固化技术的成形精度高，可制造结构复杂的陶瓷制件，难点在于含液态光敏树脂的陶瓷浆料的配置和成形参数的控制。陶瓷浆料需要具有高的固相含量和低的黏度。提高陶瓷浆料的固相含量有利于提高制件的致密度，减少收缩率，但是浆料黏度也随着提高，导致铺料涂覆困难。因此，研发高固相和低黏度的新型陶瓷浆料是陶瓷光固化成形技术的重要发展方向。

基于液体陶瓷浆料的光固化技术，多家企业发布了商业化陶瓷 3D 打印设备及材料，如法日合资的 3DCeram Sinto 公司、荷兰的 Admatec 公司、奥地利的 Lithoz 公司、法国的 Prodways 公司，以及我国的北京十维科技有限责任公司、浙江迅实科技有限公司、深圳长朗三维科技有限公司、苏州中瑞智创三维科技股份有限公司、昆山博力迈三维打印科技有限公司、武汉因泰莱激光科技有限公司等。

3DCeram Sinto 公司开发了快速陶瓷成形（fast ceramics production，FCP）技术。将光敏树脂与陶瓷颗粒（氧化铝、氧化锆、羟基磷灰石等）混合，利用紫外光固化工艺进行聚合打印。打印之后，再通过高温脱胶和烧结处理，最终完成整个陶瓷 3D 打印过程。3DCeram Sinto 公司除了推出工业级陶瓷 3D 打印机 Ceramaker 系列外，还推出复合陶瓷 3D 打印设备 Ceramaker Hybrid 系列，以及面向批量生产的大尺寸陶瓷 3D 打印机 C3600 Ultimate（成形尺寸为 600mm × 600mm × 300mm），可以打印的材料包括氧化锆、氧化铝等多种材料。

Lithoz 公司开发了基于光固化技术的陶瓷制造（lithography-based ceramic manufacturing，LCM）技术。该技术使用光聚合物作为陶瓷颗粒之间的黏结剂，通过选择性地固化含有陶瓷颗粒的光聚合物树脂，从而能够精确生成密度较高的陶瓷生坯。除了 CeraFab 7500/8500 两个型号的设备，Lithoz 公司近期还推出了连续批量陶瓷 3D 打印设备 CeraFab System S65，可以打印的材料包括氧化铝、氧化锆、氮化硅、磷酸三钙等。

Admatec 公司开发了基于数字光处理（DLP）技术的陶瓷 3D 打印机，型号包括 Admaflex 130 和 Admaflex 300。Prodways 公司发明了移动数字光处理技术，发布了基于 DLP 技术的陶瓷 3D 打印机 ProMaker V6000。北京十维科技有限公司致力于陶瓷 3D 打印技术，与清华大学联合研发了基于 DLP 技术的工业级陶瓷材料 3D 打印机 AUTOCERA，可以打印氧化铝、氧化硅、碳化硅、氧化锆、羟基磷灰石、磷酸钙等多种陶瓷材料。

8.2.2 液体陶瓷浆料的喷射打印技术

液体陶瓷浆料的喷射打印（ink-jet printing，IJP）技术是将陶瓷粉体与分散剂、黏结剂、表面活性剂、溶剂等混合，配置成的陶瓷浆料被计算机控制下的打印头喷射到平台上，通过逐层沉积形成陶瓷坯体。该技术需要解决的问题包括：

1）配置陶瓷浆料时，要求粉末粒径分布均匀，不发生凝聚，流动性好，高温化学性质稳定。

2）喷墨打印头容易堵塞，通过降低陶瓷浆料的黏度或增大喷头的毛细管直径可以解决堵塞问题，但会降低打印精度。

3）打印高度受限，而且无法打印内部多孔的陶瓷结构。

以色列的 XJet 公司开发的纳米颗粒喷射（nano particle jetting，NPJ）技术，通过喷射纳米级陶瓷墨水，实现了陶瓷材料的 3D 打印。该公司发布了 Carmel 700C 和 Carmel 1400C 两款陶瓷 3D 打印机。

8.2.3 液体陶瓷浆料的直写成形技术

浆料直写成形技术（direct ink writing，DIW）的概念是最早由 Cesarano 等提出的。以陶瓷粉体为原材料，利用直写成形方法制备三维陶瓷部件，需要经历 4 个工艺环节：浆料的配制、坯体的直写成形、干燥烧结与最终的性能表征。直写成形技术将陶瓷制备成具有固化特性的陶瓷浆料，通过持续施压挤出陶瓷浆料。浆料在酸碱度、光照、热辐射等作用下实现固化，逐层堆积形成陶瓷零件毛坯。直写成形技术针对陶瓷打印采用的材料主要有水基陶瓷浆料和有机物基陶瓷浆料。该技术不需要紫外光和激光的辐射，无须加热，在常温下成形，可配置高固含量的均匀稳定的陶瓷浆料，烧结后获得高致密化的烧结体。直写成形技术能够制备功能陶瓷基二维、三维结构，在电子元器件、超构材料、催化材料、生物材料、能源材料等多个领域具有潜在的应用价值。

8.2.4　陶瓷粉末材料的黏结剂喷射技术

陶瓷粉末材料的主要 3D 打印技术包括黏结剂喷射技术、粉末床熔融技术等。目前，以氧化锆、锆砂、氧化铝、碳化硅和氧化硅等陶瓷粉末为原材料，基于黏结剂喷射技术制造陶瓷的方法已经得到了良好的发展。其中，硅溶胶是最常用的陶瓷颗粒黏结剂。目前，美国的 3D Systems 公司和 Exone 公司、德国的 Voxeljet 公司等都基于黏结剂喷射技术推出了能够打印陶瓷材料的 3D 打印机。乌克兰的 Kwanbio 公司专注于陶瓷 3D 打印技术，推出了基于黏结剂喷射的桌面陶瓷 3D 打印机 Ceramo Zero Max，以及工业级陶瓷 3D 打印机 Ceramo One 和 Ceramo Two，这些 3D 打印机具有较高的打印速度和打印精度。黏结剂喷射技术能够大规模制造陶瓷部件，成本较低，但黏结剂与陶瓷粉体之间的黏结强度不高，导致制件强度不高，力学性能较差，表面较为粗糙。由于目前陶瓷黏结剂喷射技术难以制备高致密度、低收缩率的陶瓷制件，所以其发展方向是提高陶瓷制件成形精度和强度，尤其是提高陶瓷坯体的致密度、减少体积收缩率等。

8.2.5　陶瓷粉末材料的粉末床熔融技术

陶瓷粉末材料的粉末床熔融技术包括选区激光烧结（SLS）技术和选区激光熔化（SLM）技术。SLS 技术所采用的粉末材料是高分子材料和陶瓷粉末的混合物，采用 SLS 技术烧结后，制件可以得到相对较好的表面形貌，但由于其粉末黏结机理及去除黏结剂等工艺，导致成形件致密度和强度不高。与 SLS 技术不同，SLM 技术是利用大功率激光器将陶瓷粉末完全融化后再凝固成形，成形件致密度高，力学性能较 SLS 成形件高，但 SLM 成形过程骤冷骤热，而陶瓷材料熔点高、对热冲击敏感，制件容易产生裂纹。

8.2.6　其他陶瓷 3D 打印技术

其他陶瓷 3D 打印技术包括陶瓷片材的叠层制造技术、陶瓷线材的熔融沉积成形（fused depositon of ceramics，FDC）等。

陶瓷片材的叠层制造技术是将陶瓷浆料采用流延成形等工艺做成陶瓷片材，然后利用片材叠层制造打印出陶瓷物品。该技术成形速度高，不需要设计支撑，但成形的坯体各向力学性能差别较大。

陶瓷线材的 FDC 技术由 FDM 技术发展演变而来。将陶瓷粉末与高分子聚合物、石蜡等材料混合制成丝材，在喷头中将丝材熔融后挤出并沉积在平台上。目前，陶瓷的 FDC 成形技术存在打印精度不高，制件表面比较粗糙，打印速度较慢等问题。

8.3 复合材料 3D 打印

目前，用于 3D 打印的复合材料主要是纤维增强树脂基复合材料。传统的纤维增强树脂基复合材料的成形工艺主要分为两个过程完成：首先是制备纤维预浸料，制备方法主要有浸渍法、沉积法、混编法等；然后将预浸料经过加工制成成形制件，加工方法有模压成形、拉挤成形、缠绕成形、铺放成形等。传统的成形工艺过程较复杂，加工成本较高，且无法实现复杂结构件的快速制造，大大限制了纤维增强树脂基复合材料的应用范围。将 3D 打印技术应用于纤维增强树脂基复合材料是一种新兴的复合材料制造工艺，具有工艺过程简单、加工成本低、材料利用率高、可实现复杂结构零件的一体化成形等一系列优点。

目前应用较多的树脂基复合材料 3D 打印技术包括 SLS、FDM、LOM 及 SLA。SLS 制造复合材料的方法是将基体粉末与增强体粉末混合，利用激光的热能使熔点较低的基体粉末融化，从而把基体和增强体黏结起来实现组分的复合。FDM 制造复合材料的方法是预先将纤维和树脂制成预浸丝束，再将预浸丝束送入喷嘴，丝束在喷嘴处受热融化，进而打印出复合材料结构。FDM 技术所用的复合材料预浸丝束必须满足组分、强度及黏度等要求，一般需要在复合材料中添加塑性剂以增加流动性。采用 LOM 技术进行纤维增强复合材料制造，须预先制备单向纤维/树脂预浸丝束并排制成预浸条带。预浸条带经传送带送至工作台。在计算机的控制下，激光沿三维模型每个截面的轮廓线切割预浸带，逐层叠加形成三维产品。利用 SLA 工艺制造复合材料，一种方式是将短纤维混合在液态光敏树脂中，利用紫外激光扫描光敏树脂发生固化反应，从而使短纤维与树脂复合在一起形成复合材料；另一种方式是成形过程中在试件中间层加入一层连续纤维编织布，在光敏树脂发生聚合反应转变为固体的过程中，将纤维布嵌入到树脂基体中形成复合材料。

在复合材料 3D 打印技术中，使用较多的是以热塑性树脂为基体的复合材料。这是由于热塑性树脂具有加热变软、冷却固化的特性，易于实现 3D 打印。不同于热塑性树脂可重复使用的特性，热固性树脂的聚合物链之间发生深度的聚合交联固化反应，一经固化则无法被再次利用。目前，由于其优越的综合性能，以热固性树脂为基体的 3D 打印复合材料逐渐受到关注。复合材料 3D 打印所用的增强材料主要是碳纤维、玻璃纤维等，包括短切纤维和连续纤维。除了纤维之外，碳还以其他形式用于制造，其中包括石墨烯和碳纳米管，二者正在成为复合材料 3D 打印的增强材料。

8.3.1　短切纤维增强热塑性复合材料

短切纤维增强热塑性复合材料是将尼龙等热塑性材料作为基体，将短切碳纤维、玻璃微珠等材料作为增强材料，制造而成的一种复合材料，采用的典型 3D 打印技术包括 SLS 技术、FDM 技术和 MJF 技术。SLS 技术的代表性企业包括德国的 EOS 公司、美国的 3D Systems 公司、我国的华曙高科等公司。这些公司推出了多款设备，不仅可以烧结玻璃微珠增强尼龙粉末、混铝尼龙粉末，有些还可以烧结碳纤维增强尼龙、碳纤维增强聚醚醚酮（PEEK）等复合材料。

Stratasys 公司推出了工业级碳纤维复合材料 3D 打印机 Fortus 系列，包括 Fortus 380mc、Fortus 450mc、Fortus 900mc。其中，Fortus 900mc 是目前市面上最强大的 FDM 系统之一，最大打印尺寸为 914mm × 609mm × 914mm，用于解决尼龙碳纤维复合材料无法制作大型工件的问题。此外，Stratasys 公司还推出了基于 FDM 3D 打印技术的碳纤维填充尼龙 12 材料（即尼龙 12CF）。这种材料含有体积分数为 35% 的碳纤维，各种属性优异，在许多应用中可以取代金属，适合汽车、航空航天等行业。

8.3.2　连续纤维增强热塑性复合材料

短切纤维增强热塑性树脂复合材料的 3D 打印工艺发展较为成熟，但短切纤维对工件的力学性能提升有限。为提高纤维增强热塑性树脂复合材料 3D 打印制件的力学性能，研究人员研究了连续纤维增强热塑性复合材料，多数公司采用的 3D 打印技术是 FDM 技术，代表性企业包括美国的 Markforged 公司、Desktop Metal 公司等。还有些公司采用片状原材料的沉积层压技术，如美国的 Impossible Objects 公司、EnvisionTEC 公司等。

作为该领域的佼佼者，Markforged 公司推出了桌面级和工业级两个系列的连续纤维增强热塑性复合材料 3D 打印机。在桌面级 3D 打印机领域，Mark-

Forged 于 2014 年推出连续碳纤维增强尼龙复合材料 3D 打印机 Mark One，其后又推出了 Mark Two。在工业级 3D 打印机领域，Markforged 推出了 X3、X5、X7 等 X 系列 3D 打印机，尤其是 X7 能够打印包括 Onyx 材料、尼龙、连续碳纤维、连续玻璃纤维、高温高强度玻璃纤维和连续 Kevlar 纤维在内的多种复合材料。该公司的专利 3D 打印技术名为连续纤维制造（continuous filament fabrication，CFF）。该技术采用其独有的双打印喷头，其中一个喷头挤出尼龙等热塑性树脂材料，而另一个喷头挤出连续纤维增强材料（预浸碳纤维、预浸玻璃纤维、预浸 Kevlar 纤维等），可实现连续纤维增强尼龙复合材料的 3D 打印。

Desktop Metal 公司在 2019 年推出了桌面级 3D 打印机 Fiber。Fiber 在 FDM 技术的基础上融合了微型自动纤维铺放（micro automated fiber placement，μAFP）技术，采用两个打印头：基于 μAFP 技术的打印头打印连续纤维增强预浸料带，得到孔隙率小于 1% 的增强材料；基于 FDM 技术的打印头加热并挤压纤维增强长丝。Fiber 有 Fiber LT 和 Fiber HT 两个型号。Fiber LT 仅能打印碳纤维增强尼龙和玻璃纤维增强尼龙，Fiber HT 还可以打印碳纤维增强聚醚醚酮和碳纤维增强聚醚酮酮。

荷兰的 CEAD 公司申请的专利技术是连续纤维增材制造（continuous fibre additive manufacturing，CFAM），并于 2018 年 11 月推出了大型连续纤维 3D 打印机 CFAM Prime，打印尺寸可达 2m × 4m × 1.5m。打印过程中，打印机首先使用热塑性树脂预浸渍连续玻璃纤维或碳纤维，然后打印头将连续纤维与熔化的热塑性树脂颗粒结合，其中可以包括一定百分比的短切纤维。该技术适于小批量生产大型复杂产品。

美国的 Impossible Objects 公司的专利技术是基于复合材料的增材制造（composite-based additive manufacturing，CBAM），该技术利用编织纤维片材进行 3D 打印。首先，打印头将黏性液体按照当前层的形状喷洒在纤维片材上，然后在片材上沉积一层聚合物粉末，粉末仅会黏结在液体沉积的位置，未被黏结的干燥粉末将被清扫掉。通过不断沉积形成三维形状，然后放在烤箱中通过高温将其融合在一起。最后，再通过机械或化学作用去除多余的材料，获得最终的 3D 打印物体。2019 年，该公司推出了 3D 打印机 CBAM-2，该打印机能够打印碳纤维/玻璃纤维增强聚醚醚酮、碳纤维/玻璃纤维增强尼龙等复合材料。

EnvisionTEC 公司的专利技术是选择性分层复合材料实体制造（selective lamination composite object manufacturing，SLCOM），使用成卷的层叠热塑性复合材料织物基片制造复合材料零部件。该技术与 CBAM 技术类似，都属于片材叠层制造技术。EnvisionTEC 公司在 2016 年推出了基于 SLCOM 技术的工业级碳纤维 3D 打印机 SLCOM 1。该打印机的打印范围达到 762mm × 610mm × 610mm，可打印碳纤维增强、玻璃纤维增强、Kevlar 纤维增强复合材料。

此外，俄罗斯的 Anisoprint 公司、瑞士的 9T 实验室等都致力于这方面的研究和开发工作。Anisoprint 公司的专利技术是复合纤维共挤（composite fiber Co-extrusion，CFC）。该技术采用连续纤维与热塑性聚合物共挤的形式，增强材料包括复合碳纤维（CCF）和复合玄武岩纤维（CBF）。

8.3.3　短切纤维增强热固性复合材料

目前，复合材料 3D 打印技术以短纤维增强热塑性复合材料为主，材料和设备实现了商业化，而热固性复合材料仅在试验室实现了短切纤维增强复合材料的 3D 打印。

美国哈佛大学采用短切碳纤维为增强材料，热固性环氧树脂为基体，咪唑类化合物为固化剂，可使树脂在长达数周的时期内黏度不会显著增加。然后基于 FDM 原理进行打印，控制好纤维长径比和喷嘴直径，通过剪切力和挤出流的作用，实现了对短切碳纤维增强体的控制。打印好的部件先在较低的温度下预固化，然后再进一步高温固化。

意大利米兰理工大学将丙烯酸树脂、光引发剂、环氧树脂及热固化剂共同混合成新型光热双固化树脂体系，并用短切碳纤维进行增强，同时在 3D 打印过程中采用紫外光预固化定形，打印完成后再通过后固化彻底成形。

华中科技大学将整个短切纤维增强热固性复合材料成形过程分成 5 个部分：

1）制备黏结剂和短切纤维的复合粉末。

2）选区激光烧结成形含孔隙的预成形体。

3）制备液态热固性树脂池浸润预成形体。

4）固化预成形体。

5）打磨抛光。

东华大学将盐粒和热固性材料预聚物结合为可 3D 打印的“复合墨水”。盐粒在 3D 打印过程中起到增稠剂的作用，可保证顺利打印成形；在热固化过程中，盐粒又起到增强剂的作用。打印过程中固化成形的盐粒在打印后可以方便地被水溶解除去，从而又作为致孔剂获得了多孔的结构。该方法可实现多种热固性材料（如交联聚酯、聚氨酯、环氧树脂）的直接挤出 3D 打印。

8.3.4　连续纤维增强热固性复合材料

连续纤维增强热固性树脂基复合材料作为综合性能更为优越的复合材料，

既突破了短切纤维的性能局限，又避免了热塑性树脂的自身缺陷。但是，3D 打印技术在这方面的研究相对较少，一是由于成形方面的困难仍未彻底解决；二是由于热固性树脂涉及较长时间的聚合交联反应，无法在打印过程中实现即时原位固化。在航天复合材料应用过程中，需要应用到热固性复合材料，而 3D 打印技术仅能够在实验室完成此类材料的制造。因此，需要对 3D 打印技术进行研究，以开发应用具备适应性的打印材料，实现多维连续打印，丰富预压实功能，从而实现连续纤维增强热固性复合材料的制造。

西安交通大学提出了一种连续碳纤维增强热固性树脂基复合材料 3D 打印工艺，该工艺将 3D 打印丝材制备、3D 打印预成形体、3D 打印预成形体固化分成 3 个独立的模块。首先，采用环氧树脂作为热固性树脂基体，选择碳纤维作为增强材料，选取潜伏性固化剂双氰胺作为固化剂，进行连续纤维增强热固性树脂基复合材料 3D 打印丝材的制备。其次，利用制得的丝材基于 FDM 原理进行 3D 打印成形，得到预成形实体构件。最后，将预成形体置于高温高压环境下，激活潜伏性固化剂的活性，引发聚合交联反应彻底固化成形。采用 3D 打印技术制备的连续纤维增强热固性树脂基复合材料具有良好的力学性能，构件（纤维的体积分数为 52%）拉伸强度、拉伸模量分别达到 1325.14MPa、100.28GPa，弯曲强度、弯曲模量分别为 1078.03MPa、80.01GPa，层间剪切强度为 58.89MPa。

美国连续复合材料公司（Continuous Composites）成立于 2015 年，专门从事连续纤维复合材料的 3D 打印，早在 2012 年就获得了连续纤维 3D 打印（continuous fiber 3D printing，CF3D）专利技术。与其他技术的不同之处是，CF3D 技术使用快速固化热固性树脂。在打印过程中，将增强纤维在打印头内浸渍热固性树脂，然后立即用强力紫外光将其固化。CF3D 系统可使用多种连续纤维（包括芳纶纤维、玻璃纤维、碳纤维、铜丝、镍铬合金丝和光纤）进行 3D 打印，纤维的体积分数可达到 50% ~60%。CF3D 技术获得了 2019 年的 JEC 创新奖。

意大利 Moi Composites 公司成立于 2018 年 2 月，该公司采用了米兰理工大学开发的连续纤维加工（continuous fiber manufacturing，CFM）技术。该技术与 CF3D 技术类似，采用紫外光固化技术 3D 打印高性能热固性复合材料零件，已成功打印了连续纤维增强环氧树脂、丙烯酸、乙烯基酯等复合材料。Moi Composites 公司目前可提供一系列热固性复合材料，包括乙烯基酯树脂和玻璃纤维（FGV）、环氧树脂和玻璃纤维（FGE）、环氧树脂和 Kevlar 纤维（KFE）、环氧树脂和碳纤维（CFE）等。目前，该技术已开始用于航空结构件制造。

8.4　生物 3D 打印

随着 3D 打印技术的发展和成熟，由 3D 打印与生物医学相结合而形成的生物 3D 打印逐渐发展成为一个新兴的研究领域。在医学模型制造、组织器官再生、临床修复治疗和药物研发试验等领域，生物 3D 打印获得了日益广泛的应用。

生物 3D 打印可划分为以下 4 个层次：

1）制造无生物相容性要求的制品，如 3D 打印医学模型、手术导板等。

2）制造有生物相容性要求的不可降解的人体植入物，如钛合金关节等医学假体。

3）制造有生物相容性要求的可降解的人体植入物，如活性陶瓷骨、可降解的支架等。

4）基于活细胞进行的生物 3D 打印，如打印具有生物活性的皮肤、血管、肝脏、心脏等组织和器官。

8.4.1　制造无生物相容性要求的制品

医学模型，包括手术规划模型、手术训练模型、医学教学演示模型等，在基础医学和临床实验教学中的用途十分广泛。但是，医学模型本身结构复杂，用传统方法制作医学模型周期较长。事实上，人体的任何一个组织或器官都可以 3D 打印出医学模型，使用的打印材料包括树脂、石膏、工程塑料等，同时还可以根据实际需要对一些特殊模型进行个性化制造。采用 3D 打印的医学模型，可以精准呈现出患者发生病变部位的解剖结构，在手术前帮助医生精确深入地掌握患者病情，同时便于医生向患者及其家属介绍病变的复杂性和手术的风险程度；还可以通过在模型上进行模拟手术，帮助医生确立最佳手术方案，以便指导实际手术，最终使手术得以精准快速地完成，提高手术的成功率，降低其风险。

3D 打印以其自身精准度高、个性化和复杂成形等特点，也受到医疗器械领域的高度关注。个性化手术工具是 3D 打印在医疗器械领域得以应用的最鲜明特征。个性化手术工具以手术导板为典型代表，基于 3D 打印的个性化手术导板能够在一定程度上简化手术操作，实现精确化控制，在提高手术效率，以及减少患者感染与并发症方面具有重要优势，受到医疗领域的广泛关注。

8.4.2 制造不可降解的人体植入物

人体植入物需要具有生物相容性，生物相容性是指生命体组织对非活性材料产生反应的一种性能，一般是指材料与宿主之间的相容性。生物相容性可以分为生物学反应和材料反应两部分。其中，生物反应包括血液反应、免疫反应和组织反应，材料反应主要表现在材料物理和化学性质的改变。评价材料的生物相容性，须遵循生物安全性和生物功能性两个原则。既要求生物材料具有很低的毒性，同时要求生物材料在特定的应用中，能够恰当地激发机体相应的功能。生物相容性是生物材料研究中始终贯穿的主题。评价和分析某种材料的生物相容性要明确三个关键点：第一，没有一种材料是完全的惰性材料；第二，生物相容性是一个动态的过程；第三，生物相容性不单纯是材料本身的性质，而是材料与机体环境相互作用的结果。

目前，多种具有良好生物相容性的材料都可以通过 3D 打印制成个性化外科植入物，如钛合金、钴铬钼合金、陶瓷、聚醚醚酮、聚醚酮酮等。与传统工艺相比，采用 3D 打印技术制造个性化外科植入物具有以下优势：

1）3D 打印可以精确地定制体内植入物，克服传统的通用体内植入物形状与人体不相容，以及其力学性能不达标的难题。

2）3D 打印的个性化定制微观结构尤其是多孔贯通结构，不仅可以满足特定的理化性能，还可增强生物组织相容性。

2015 年 9 月由北医三院和北京爱康宜城医疗器材股份有限公司共同合作研制的 3D 打印人体植入物——人工髋关节已经获得了国家食品药品监督管理总局（CFDA）认证，3D 打印髋关节进入“量产阶段”意味着我国 3D 打印植入物迈入产品化的阶段。3D 打印技术在医疗行业显示出日益重要的作用，在各种个性化定制植入性假体、假肢、种植牙等方面的研究与应用也越来越广泛。

牙科具有个性化定制快速需求、轻量微型等突出特点，特别适合采用 3D 打印技术。如果采用传统制造方式，制造周期长，难以满足个性化需求。同时制造精度不高，难以加工高硬度材料，需要高强度密集手工操作，人工成本高，制造产品质量受制于技师水平等。而采用 3D 打印生产牙科相关植入体零件可避免这些问题，直接输入三维数据再使用钛合金等粉末打印，即可获得合格的牙科植入体零件。

8.4.3 制造可降解的人体植入物

生物材料的发展经历了三代：第一代为生物惰性材料；第二代为生物活性

材料和生物可降解材料；第三代为在分子水平上，可刺激人体产生一定反应的材料。应用于人体的生物可降解材料在组织器官愈合期间发挥作用，愈合以后逐渐降解吸收，不会残留在体内。生物降解材料降解的机制包括：水解、氧化降解、酶解、物理降解。

可降解生物医用材料主要包括可降解医用高分子材料、可降解生物陶瓷材料、可降解医用金属材料和可降解医用复合材料等，见表8-2。高分子材料制备的可降解支架具有很好的生物相容性，在人体特定的病理过程中完成其治疗使命后，最终在体内降解消失，对人体无毒、无积累，避免了假体植入物对人体的长期异物影响，受到材料科学和医学界的广泛关注。目前，可降解的生物支架在医学临床上的应用已经有很多方面，如可降解血管支架、可降解气管支架，以及在胆管、尿道等方面应用的可降解生物支架等。2019年7月，东莞宜安科技研发的可降解镁骨内固定螺钉获得国家局颁发的《医疗器械临床试验批件》，成为我国首款获批临床的生物可降解金属螺钉。

表8-2　可降解生物医用材料的分类

类　别	具体材料种类举例	应用领域
可降解医用高分子材料	胶原、纤维素、壳聚糖、聚酯、聚乳酸、聚乙醇酸	药物控释载体、手术缝合线、冠脉支架、人工皮肤、组织工程等
可降解生物陶瓷材料	β-TCP、羟基磷灰石	骨骼填充、仿生材料等
可降解医用金属材料	镁合金、铁合金	血管支架、骨植入与骨内固定等
可降解医用复合材料	羟基磷灰石与金属或聚合物的复合材料	人工骨，硬组织修复与替换等

德国赢创工业集团（Evonik）是世界上第一家通过商业GMP和ISO 13845认证的3D打印用可生物降解医用材料供应商，为3D打印设计了RESOMER®医用聚合物系列，提供的材料包括粉末、丝材和颗粒。粉末适用于选区激光烧结工艺，2019年推出的RESOMER®丝材系列，适合采用熔融沉积技术进行3D打印。目前，德国赢创提供的可降解聚合物材料包括聚己内酯（PCL）、聚乙交酯（PGA）、左旋聚乳酸（也称为左旋聚丙交酯，PLLA）、左旋丙交酯己内酯共聚物、左旋丙交酯乙交酯共聚物（PLGA）、聚对二氧环已酮（PDO）等。

8.4.4　细胞3D打印

细胞3D打印是基于活细胞进行的生物3D打印，如打印具有生物活性的皮肤、血管、软骨、骨、肝脏、心脏等。相关文献将基于活细胞的生物 3D 打印称为狭义生物 3D 打印，以区别于广义的生物 3D 打印。目前，狭义生物 3D 打印所采用的工艺主要包括：光固化生物 3D 打印（photocuring-based bioprinting，stereolithography bioprinting）、喷墨式生物 3D 打印（inkjet-based bioprinting）、挤出式生物 3D 打印（extrusion-based bioprinting）、激光辅助生物打印（laser-based bioprinting，laser-assisted bioprinting）、静电纺丝法生物 3D 打印（electrospinning-based bioprinting）等。

光固化生物 3D 打印技术近期取得了较好的成果：美国莱斯大学和华盛顿大学的研究团队采用该方法，在几分钟内就能够快速生成有复杂内部结构的生物相容性水凝胶；新加坡科技设计大学和以色列耶路撒冷希伯来大学采用该方法，合作开发制备了一种高伸缩性的水凝胶；美国加州大学圣地亚哥分校的学者采用微尺度连续投影光刻法（microscale continuous projection printing method，μCPP），3D 打印出了高精度的脊髓修复支架。

喷墨式生物 3D 打印的工作原理类似喷墨打印机，生物墨水（模拟生物内在环境的材料，起支撑细胞的作用）呈滴状打印出来，可以通过增加喷头数量来提高打印速度。喷墨式生物 3D 打印具有成本低、精度高、速度快等优点，但对生物墨水黏度的要求限制了其适用生物材料的范围。喷墨生物打印无法打印高黏度材料或高浓度细胞，而低黏度材料会降低打印成形的结构强度，导致不满足后续体外培养和移植的要求。此外，喷墨打印过程中可能会对细胞造成机械损伤或热损伤。

挤出式生物 3D 打印是目前最常用的生物 3D 打印技术。其工作原理类似 FDM，利用电动机驱动或气压驱动的方式产生压力，将生物墨水从针头或喷嘴挤出来。挤出式生物 3D 打印适用的生物相容材料范围广泛，包括细胞团、载细胞水凝胶、微载体、脱细胞基质成分等，但其打印精度相对其他生物打印方式较低，目前的极限精度是 100μm，而且挤出过程中的剪切力会影响细胞存活率。挤出式生物 3D 打印是目前最方便、最常用的方法，市场上有许多基于挤出法的商用生物 3D 打印机，如美国 Organovo 公司的 NovoGen MMX，德国 EnvisionTEC 公司的 3D Bioplotter，瑞士 RegenHU 公司的 BioFactory 和 3DDiscovery，俄罗斯 3D Bioprinting Solutions 公司的 FABION，西班牙 Regemat3D 公司的 REGEMAT 3D V1，瑞典 CELLINK 公司的 INKREDIBLE，美国 Advanced SOLUTIONS 公司的 BIOBOT 和 BioAssemblyBot，德国 GeSim 公司的 BiScaffolder，英国 3Dynamic Systems 公司的 Alpha 和 Omega，韩国 ROKIT 公司的 ROKIT INVIVO，新加坡 BIO3D Technologies 公司的 Life-Printer，以及我国杭州 Regenovo 公司的 Bioarchitect，苏州永沁泉智能设备有限公司的 EFL-BP6601 等。

细胞 3D 打印所使用的材料称为生物墨水（bioinks），生物墨水通常由医用水凝胶、生物交联剂和活细胞混合构成。水凝胶既作为打印时的黏结剂实现 3D 成形，又能够在打印后固定细胞位置，并为细胞提供类体内的生物环境。开发合适的生物墨水一直是该领域最重要的工作之一，细胞生物 3D 打印实质上就是将生物墨水由溶胶态变为凝胶态的过程。生物墨水的可打印性、生物相容性和力学性能是保证打印成功的关键因素。可打印性指生物墨水的 3D 打印可成形性，包括可调节的生物材料黏度、从溶胶态到凝胶态的快速转换性质、大范围的可打印参数等。生物相容性指生物墨水应与人体中细胞的微环境相似，使细胞在其中增殖、扩展、分化并交互。力学性能指凝胶态的生物墨水具有足够的强度，能够支持后续的体外培养过程和植入过程。在开发和选择生物墨水时，需要对可打印性、生物相容性和力学性能进行综合考虑。

目前已经开发的生物墨水包括海藻酸钠（alginate）、纤维蛋白原（fibrinogen）、明胶（gelatin）、胶原蛋白（collagen）、壳聚糖（chitosan）、琼脂糖（agarose）、透明质酸（HA）、甲基丙烯酰化明胶（GelMA）、聚乙二醇（PEG）、细胞外基质（ECM）及其混合材料等。这些生物墨水可分为四大类：离子交联型、温敏型、光敏型及剪切变稀型。海藻酸钠是目前最常用的生物墨水之一，属于离子交联型墨水，具有良好的成形性和力学性能，离子交联机理简单。海藻酸钠的主要缺点是其化学结构不利于细胞黏附，导致生物相容性相对较弱。为了诱导细胞黏附和生物活性，海藻酸钠需要与其他天然聚合物（如明胶基材料、胶原蛋白或纤维蛋白原）混合。明胶属于温敏型墨水，这类墨水通过环境温度的变化，实现从溶胶态到凝胶态的转变。温敏水凝胶的溶胶到凝胶的转变方式一般为可逆的，只要材料温度达到转变温度即可转变，无须使用液体交联剂。光敏型墨水则是加入了光引发剂，使得水凝胶生物墨水具有光敏特性，通过紫外光激活水凝胶墨水中的光引发剂，能够实现生物墨水从溶胶态到凝胶态的转变。光敏型墨水一般强度高，紫外光的渗透深度更深，但光引发剂的引入会降低生物墨水的生物活性。GelMA 是改性后可光固化的明胶，既具有明胶的温敏特性和良好的生物学特性，同时也具有光敏特性。作为一种光敏型生物墨水，GelMA 因其良好的细胞相容性和力学性能近年来受到广泛关注。剪切变稀型生物墨水主要是利用材料的表观黏度随着切应力的增加而减小的现象，在不受到剪切力时水凝胶呈现出高黏度，表现为凝胶态；当受到剪切力作用时水凝胶为低黏度，变为溶胶态。单一生物墨水的功能有限，难以胜任复杂组织器官的打印。为了克服常用生物墨水的局限性，学者提出了两种策略：第一种策略是将增强组件与生物墨水相结合，进行混合生物打印策略；第二种策略是基于复合生物墨水，进行打印。

生物墨水面临的挑战包括：

1）所设计的生物墨水必须能够采用当前或未来的3D 打印设备进行打印，同时打印分辨率满足精度要求。

2）在打印前后，细胞的活性能够得到保持而不受损伤。

3）提供适宜的细胞生长环境，以保证细胞的正常生长。

4）平衡细胞的打印性能和保证细胞的生物性能之间的关系是应用的一大挑战。

当前细胞生物3D 打印面临的主要问题包括：

1）如何进行多细胞组分的复杂器官的打印？

2）如何实现与实际器官相匹配的打印精度？

3）如何提高打印速度？

目前的细胞生物3D 打印技术还无法重建精细的结构、复杂的细胞和材料组成，以及实现组织特性功能。

尽管生物3D 打印已经取得了不少成就，但仍有很大的进步空间，也面临着不小的挑战。在未来的药物开发、活体器官的制造等方面，生物3D 打印将发挥更大的作用。

8.5 4D 打印

4D 打印是指智能材料的3D 打印，其思想可以追溯到2011 年Oxman 提出的变量特性快速原型制造技术。该技术利用材料的变形特性和不同材料的属性，通过逐层铺粉成形出具有连续梯度的功能组件，使成形件能够实现结构改变。麻省理工学院自组装实验室的斯凯拉·蒂比特斯（Skylar Tibbits）与Stratasys 公司合作，在2013 年召开的TED（Technology Entertainment Design，技术、娱乐、设计）大会上首次提出4D 打印。与3D 打印相比，4D 打印中多出的一个纬度是指时间纬度，即打印出来的智能材料结构能够在外界激励（光、电、磁、湿度、温度、pH 值、水等）作用下随时间发生形状或者结构的改变。自提出后，4D 打印受到的关注日益增加。2014 年，美国Nervous System 设计工作室利用3D 打印技术，制成了世界上首件4D 打印连衣裙；2016 年，西京医院采用生物可降解材料，成功将4D 打印气管外支架用于婴儿复杂先天性心脏病合并双侧气管严重狭窄的救治；2018 年，香港城市大学吕坚教授的研究团队成功进行了陶瓷的 4D 打印。

4D 打印技术的实现离不开智能材料和外界激励源。智能材料种类繁多，目前用于 4D 打印的智能材料包括：亲水纤维、形状记忆合金、形状记忆聚合物、压电陶瓷、介电弹性材料、离子聚合物-金属复合材料、巴克凝胶、光活化聚合物、水凝胶等。其中，形状记忆合金和形状记忆聚合物属于形状记忆材料，这类材料具有初始形状记忆功能，当在一定的条件下进行一定程度的变形后，通过外界条件（如热感应等）的刺激又可恢复其初始形状。介电弹性材料、离子聚合物-金属复合材料和巴克凝胶属于电活性聚合物材料，这是一类在电场激励下可以产生大幅度尺寸或形状变化的新型柔性功能材料。光活化聚合物属于光驱动的智能材料。水凝胶材料的主要激励形式包括水驱动、pH 值驱动以及热驱动等。迄今为止，形状记忆聚合物材料和水凝胶是最广泛使用的 4D 打印材料。水凝胶可用于生物 4D 打印。形状记忆聚合物具有变形大，玻璃化转变温度可调，驱动方式可设计，质轻价廉等诸多优点，但目前可实现 4D 打印的形状记忆聚合物多为热塑性、光敏型、后交联型及常温固化型，而应用较广泛的热固型或热交联型形状记忆聚合物还难以实现 4D 打印。

陈花玲等将不同智能材料的 3D 打印技术进行比较，见表 8-3。鉴于单一智能材料的驱动性能有限，一些研究者提出并研究了混合打印技术：一种办法是在打印的物件中嵌入功能材料，从而构成智能结构；另一种方法是将多种智能材料或者结构集成进行打印，打印出来的结构兼具多种智能材料的性能，如用于 4D 打印的水凝胶复合材料/多材料、SMP 复合材料/多材料及脱溶剂诱导的多材料等。

表 8-3　不同智能材料的 3D 打印及驱动性能比较分析

智能材料类型	打印方法	前体材料	驱动原理	相关驱动性能	应用实例
亲水纤维/水凝胶	直写打印（DW）	亲水高分子纤维	水驱动	响应较慢，不可逆变化时间为 1min ~ 1h	可替代组织器官
形状记忆合金	SLM	Ni-Ti 粉末与黏结剂	电压/温度驱动	高的应变能，驱动电压低，可逆变化过程，响应速度 1s ~ 1min，应变 <6%	软体机器人驱动器件
形状记忆聚合物	FDM/PolyJet/SLA/DW	聚氨酯、交联聚乙烯等	温度/光/磁/电压驱动	需要预拉伸，形变量达 800%，响应速度 1s ~ 1min	抓手、自折叠机构、花瓣、心血管模型、软体机器人等

（续）

智能材料类型	打印方法	前体材料	驱动原理	相关驱动性能	应用实例
压电陶瓷	PolyJet/DPP	钛酸钡颗粒/PVDF 溶液	电压驱动	应变0.1%~0.3%，驱动电压 50~800V，10^{-6}s~1s	电容器、传感器
介电弹性材料	PolyJet/SLA/DW	硅橡胶	电压驱动	需要预拉伸，高电压（KV 以上），响应速度 10^{-6}s~1s，应变 8%~100%	能量回收装置、软体机器人等
离子聚合物-金属复合材料	DW/FDM	Nafion 溶液/金属颗粒	电压驱动	轻质、柔软、低电压驱动（1~3V），响应速度 10^{-3}s~1s，应变 >8%	传感器、柔性机器人、固态飞行器等
巴克凝胶	PolyJet/DW	聚合物金属颗粒等	电压驱动	低电压驱动（1~10V），响应速度 1ms~1s，应变 >8%	软体机器人、传感器
光活化聚合物	SLA/DW	光敏聚合物	光驱动	需要预拉伸，对光照强度有（100~1000nm 光波），响应速度较慢（min 级别），可远程控制	自折叠装置、微机电系统等

目前，4D 打印常用的打印工艺包括聚合物喷射成形、熔融沉积成形、立体光刻、激光辅助生物打印和选择性激光烧结。其中，最主要的方法是聚合物喷射成形和熔融沉积成形。聚合物喷射成形很适于打印形状记忆聚合物材料，但存在设备成本高、树脂性能要求高、材料选择仅限于 Stratasys 公司的光敏数字材料等缺点。熔融沉积方法适用范围广，但存在打印速度慢、分辨率相对较低等不足。近年来快速发展的数字光处理打印技术在将来的 4D 打印中具有巨大的潜力。

4D 打印技术在诸多领域中有广阔的应用前景。在生物医学领域，4D 打印技术在医疗器械、组织工程、药物释放等领域取得了一定的进展。在机械领域，4D 打印技术能够制造智能柔性机械。智能柔性机械具有日益广泛的用途，可用于柔性机器人、医疗机器人、仿生机器人等机器人领域，还可用于在外界刺激下实现自组装、自折叠的自执行系统等领域。在军事领域，4D 打印的结构具备自组装、多功能和自我修复能力，能够使未来军工设备根据现场环境和作战目标的不同，灵活调整以自适应实时战况，提高作战效能。在航天领域，利用4D打印物体的自组装能力，可将打印完成的物体以便于运输的形状送往太空，在太空中完成自动变换形状、组装等过程，从而节省运输空间，降低运输成本。在其他一些领域，如交通领域、建筑领域、产品设计领域、新材料领域等，4D打印都有着广阔的应用前景。

Kuang X等对4D打印相关要素进行了如下的总结（见图8-2）：

1）3D打印技术：FDM、DIW、DLP、SLS、喷墨和SLA。

2）4D打印的刺激因素：热、光、水、pH值、化学和磁场。

3）4D打印的材料体系：纯形状记忆聚合物、液晶弹性体、复合水凝胶、多材料形状记忆聚合物、形状记忆聚合物复合材料和其他多功能材料。

4）4D打印应用：折纸、智能设备、智能包装、超材料、组织工程和生物医学。

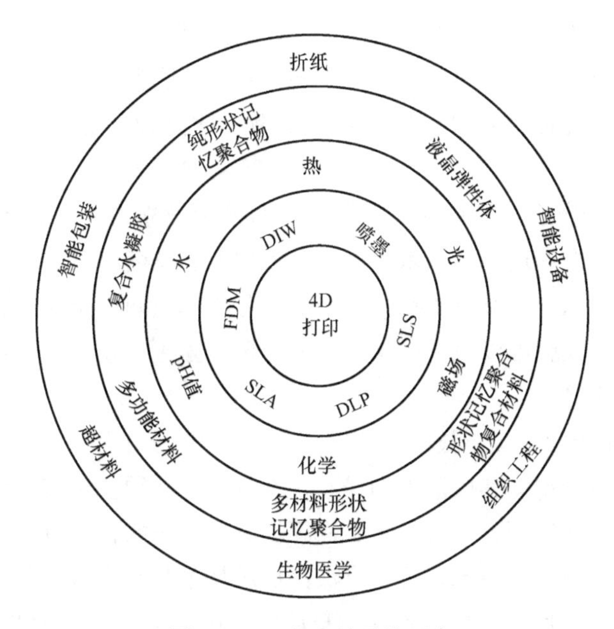

图8-2 4D打印涉及的要素

8.6 微纳3D打印

制造技术发展的一个重要方向就是微纳制造，3D打印在该领域正发挥着日益重要的作用。微纳3D打印曾被美国麻省理工学院科技评论（MIT Technology Review）列为 2014 年十大具有颠覆性的新兴技术，已应用于众多行业。目前，出现了多种微纳 3D 打印工艺，如在传统立体光固化成形基础上发展起来的微立体光刻（microstereolithography，μSL）、基于双光子聚合原理的双光子聚合（two-photon polymerization，TPP）3D 打印、基于电流体动力学的微液滴喷射成形沉积（electrohydrodynamic jet printing，E-jet）技术、在传统 SLS 工艺基础上开发的选区激光微烧结（selective laser micro sintering，SLMS）、电化学沉积（electrochemical deposition）、喷墨打印（ink jet printing）、气溶胶喷射打印（aerosol jet printing）等。

8.6.1 微立体光刻

近年来，随着技术的进步，立体光刻技术逐渐被应用于微纳加工领域，产生了微立体光刻。根据扫描方式的不同，可将微立体光刻分为线扫描微立体光刻和面投影微立体光刻（projection microstereolithography，PμSL）。

线扫描微立体光刻与传统的 SLA 技术原理相同，都是根据分层数据，利用激光束逐点扫描成线再形成面，但需要对光学系统和机械运动控制系统进行优化，将成形精度提高到微米级。线扫描微立体光刻的加工效率较低，成本较高。

随着近年来微光学元件技术的发展，面投影微立体光刻技术得到快速发展，出现了数字光处理成形技术、液晶显示技术、连续液态界面制造技术等新兴的立体光刻技术。这类技术利用数字成像芯片作为动态掩模生成平面投影图形，通过一次曝光就可以完成一层树脂的选择性固化，具有成形效率高、生产成本低的突出优势。

尽管面投影微立体光刻技术取得很大进展，但是也面临一些亟待突破的难题，如需要提高分辨率和成形件的尺寸，难以制造必须使用支撑结构的微零件或微结构，需要开发新型复合材料，需要扩大可使用的材料范围等。该技术中的关键部分是动态掩模技术，主要有液晶显示技术和数字微镜器件技术。作为动态掩模的数字芯片尺寸是固定的，只能实现固定的成像幅面和特征分辨力。采用缩小成像镜头的方法进行高精度投影，可以达到几微米的零件尺寸特征，但零件宏观尺寸只有几毫米。进行较大尺寸投影时，成像精度会下降，最小尺寸特征仅为几百微米。如果利用大尺寸投影幅面加工小尺寸特征，不仅精度低，而且能量不能充分利用。如何兼顾面投影立体光刻的尺寸和精度是一个非常重要的问题，目前常用的方法主要有：拼接数字芯片阵列、拼接成像面、扫描投影曝光、双投影光固化成形等。

在面投影微立体光刻技术的产业化方面，深圳摩方材料科技有限公司取得了较好的成绩。该公司基于面投影微立体光刻技术开发了一系列设备，见表 8-4。

表 8-4　部分商业化的面投影微立体光刻设备

型号	光学精度/μm	打印精度/μm	层厚/μm	系统外形尺寸（长×宽×高）/mm
nanoArch P130	2	2～10	5～20	1720×750×1820
nanoArch P140	10	10～40	10～40	1000×700×1600
nanoArch P150	25	50～200	10～50	540×530×700
nanoArch S130	2	2～10	5～20	1720×750×1820
nanoArch S140	10	10～40	10～40	1000×700×1600

微立体光刻已经被用于组织工程、生物医疗、超材料、微光学器件、微机电系统等众多领域。

8.6.2　双光子聚合 3D 打印

传统的微立体光刻属于单光子吸收引发的聚合反应，即单光子聚合，其激发光源一般是紫外光（波长为 250～400nm）或可见光，吸光物质（引发剂或光敏剂）吸收一个光子跃迁至激发态后产生活性物质引发聚合。不同于传统的微立体光刻，双光子聚合 3D 打印是基于双光子吸收聚合原理，也称为双光子聚合光固化成形技术。双光子聚合的激发光源通常采用近红外飞秒脉冲激光（波长为 600～1000nm），吸光物质同时吸收两个光子到达激发态后产生活性物质引发聚合。传统单光子吸收是一种线性光学效应，而双光子吸收属于非线性光学效应，双光子聚合仅发生在激光焦点处，只有焦点经过的位置光敏树脂才会固化。因此，其分辨率可突破光学衍射极限，达到几十纳米。与单光子聚合相比，双光子聚合具有材料穿透力强、空间分辨率高、抗氧气干扰能力强等优势。双光子聚合光固化技术的打印精度可以达到纳米级，可用于微光学、微电子、微器件等微纳米尺度零部件的制造，在精密器件加工、微机电系统（MEMS）加工、组织工程、药物递送等方面具有广泛的应用前景。

1997 年，首次利用双光子聚合 3D 打印技术，在光敏树脂（SCR500）中加工出了微米级的螺旋三维微结构。2001 年，利用波长为 780nm 的近红外飞秒脉冲激光诱导双光子聚合反应，制造出了长 10μm、高 7μm 的“纳米牛”，分辨率达到 120nm，这是该技术发展过程中的一个里程碑。

2013 年，德国 NanoScribe 公司基于双光子聚合 3D 打印技术，发布了微纳

3D 打印系统 Photonic Professional GT，并于 2018 年底推出了该系统的升级版本 Photonic Professional GT2（PPGT2），其 3D 打印的微纳结构如图 8-3 所示。新系统的最小特征尺寸为 160nm，x—y 平面内的最小分辨率为 400nm，最小垂直分辨率为 1000nm，层厚为 0.3～5μm，最大打印高度为 8mm，最大打印面积为 10000mm^2（100mm×100mm），最低表面粗糙度值 Ra 为 20nm，最大扫描速度为 100mm/s。PPGT2 是目前世界上打印精度最高的微纳 3D 打印机之一。

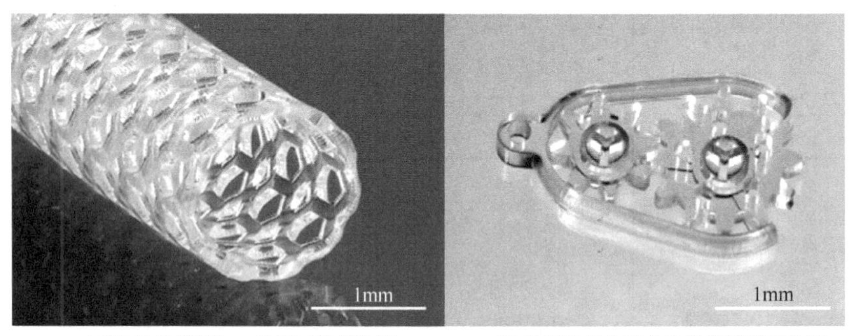

a) 在0.1h内打印8mm长的三维多孔管　　b) 外壳内包含两个齿轮的功能齿轮箱

图 8-3　3D 打印的微纳结构

基于双光子聚合 3D 打印技术，法国 Microlight3D 公司推出 3D 微纳米打印系统 Altraspin 和 uFAB-3D，奥地利 UpNano 公司推出了纳米 3D 打印机 NanoOne。

8.6.3　微滴喷射技术

微滴喷射技术源于喷墨打印技术，其核心原理是通过某种驱动力使液态材料从喷嘴以均匀微滴形式喷出，主要有连续喷射（continuous ink-jet，CIJ）式和按需喷射（drop-on-demand，DOD）式两类。

连续喷射式根据偏转形式，分为等距离偏转式和不等距离偏转式。其原理是利用液体腔内施加的持续压力迫使腔内流体从喷嘴以较高速度形成毛细射流，在激振器的作用下射流断裂成液滴流。连续微滴喷射方式能产生高速液滴，喷射速度高，微滴产生效率高，工作速度比按需喷射快。但也存在一些缺点：液滴直径难以细化，成形分辨率低；微滴喷射模式结构复杂，需增加加压装置对待喷射溶液加压；微滴喷射的可控性差。

按需喷射是利用激振器在需要时产生压力脉冲，迫使流体内部产生瞬时的速度和压力变化，形成单个液滴。按需喷射式根据驱动方式，分为压电式、热泡式、超声聚焦式、气动式、超声振动式、电磁式等。

为了解决传统微滴喷射技术精度不足的问题，学者们提出了基于电流体动力学的微液滴喷射成形 3D 打印技术。该技术称为电流体动力喷射打印或电喷印，其原理如图 8-4 所示。在喷嘴处施加高电压，使喷嘴和接收基板之间形成强电场。利用强电场产生的电场力使液体在喷嘴口处拉伸形成锥状（泰勒锥），得到远小于喷嘴尺寸的微细射流或液滴，并沉积在承片台上。随着承片台在水平面内的运动和喷嘴在垂直方向的运动，制造出复杂的三维微纳结构。通过电流体动力喷射方法得到的射流直径通常要比喷嘴孔径小 1 ~2 个数量级，一般可达到几十纳米到 1μm 之间，能够实现高分辨率的微细 3D 打印。电流体动力喷射打印技术能够产生非常均匀的微液滴，成形图案精度较高，可制造亚微米、纳米尺度分辨率的复杂三维微纳结构。

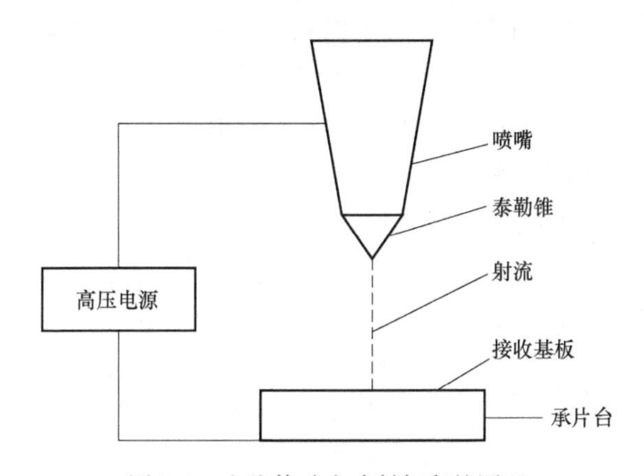

图 8-4 电流体动力喷射打印的原理

微滴喷射 3D 打印技术所使用的成形材料可以是金属或非金属，材料选择面广，成本相对较低，操作方便，因而可应用于生物医药、材料成形、微电子机械制造、微电子封装、航空航天、基因工程等领域。微滴喷射成形技术已被视为最具有应用前景的微纳尺度 3D 打印技术之一。

8.6.4 选区激光微烧结

选区激光微烧结（SLMS）技术通过采用亚微米的粉末材料、圆柱形涂层刮刀及固体激光器（调制脉冲）技术，实现材料微尺度结构的制造。与传统 SLS 工艺相比，SLMS 所制造的微尺度结构其分辨率可提高一个数量级。SLMS 的优点是采用的成形材料广泛，包括金属、石蜡、高分子、陶瓷复合粉末材料等。目前，德国在激光微烧结方面的研究处于国际领先水平，德国 3D Micro-

Print公司致力于开发微型激光烧结技术和设备，用于生产细节分辨率好、表面粗糙度值低、精度高的微型3D打印金属零件。目前3D MicroPrint公司生产的精度最高的激光微烧结成形设备是DMP64。该设备加工的层厚为1～5μm，细节分辨率小于15μm，加工平台尺寸为60mm×30mm。

8.6.5 其他微纳3D打印技术

除了上述介绍的微纳3D打印技术外，新的工艺不断出现，比如聚焦电子束诱导沉积（focused electron-beam-induced deposition，FEBID）、聚焦离子束诱导沉积（focused ion-beam-induced deposition，FIBID）、蘸笔纳米光刻（dip-pen nanolithography，DPN），金属直写（direct metal writing，DMW）等。微纳尺度3D打印已经被应用于航空航天、组织工程、生物医疗、微纳机电系统、新材料（超材料、轻量化材料、智能材料、复合材料）、新能源（燃料电池、太阳能等）、柔性电子、印刷电子、微流控器件、软体机器人、微纳光学器件等诸多领域和行业，显示出良好的工业化应用前景。兰红波等对部分微纳3D打印技术进行了总结和比较，见表8-5。

表8-5 部分微纳3D打印技术的总结和比较

工艺	微立体光刻	双光子聚合3D打印	电喷印	选区激光微烧结	电化学沉积
原理	更小的光斑，小面积固化	双光子聚合3D激光直写	电流体动力学微液滴喷射沉积	调Q固体激光器和亚微度材料	电化学阴极沉积
分辨率	微米级	纳米级	亚微米级	微米级	微米级
材料	液态光敏树脂、陶瓷等	液态光敏树脂	材料广泛，包括金属、无机功能材料、生物材料	金属、陶瓷	金属、半导体等
成本	低（面投影）	高	低	高	低
效率	高（面投影）	低	低	低	高
模板	动态掩模板	不需要	不需要	不需要	实时掩模
图形化面积	大	小	大	小	大
应用领域	超材料、组织工程、微纳光学	生物医疗、微纳科技、微纳光学	生物医疗、组织工程、印刷电子、微纳光学	微机电系统、功能零件	微机电系统、医疗器械、微喷嘴等

（续）

工艺	微立体光刻	双光子聚合3D打印	电喷印	选区激光微烧结	电化学沉积
优势	成本低，效率高，图形化面积大	分辨率最高	结构简单，成本低，多材料打印	实现复杂三维金属微结构制造	大深宽比三维微金属结构
缺陷	材料单一，分辨率低，需要支撑结构	成本高，材料单一，图形化面积小	打印效率需要提高（单喷头）	成本高，分辨率需要进一步提高	层间结合强度低，有错移
备注	面投影微立体光刻具有很好的应用前景	能够纳尺度打印复杂三维微纳结构	结合自组装实现4D打印	实现复杂三维金属微结构制造	直接、快速、批量生产复杂三维金属微结构

8.7 空间3D打印

近年来，随着3D打印技术的进步和航天领域的快速发展，空间3D打印技术日益受到关注。2014年，美国向国际空间站运送了世界首台太空3D打印机。2014年11月25日，NASA与Made In Space公司合作实现了全球首次空间3D打印，在国际空间站内成功打印出“MADEINSPACE/NASA”字样的零件，如图8-5所示。2020年5月，我国长征五号B火箭发射的新一代载人飞船试验船上，搭载了我国自主研发的连续纤维增强复合材料3D打印机，实现了飞行期间连续纤维增强复合材料的样件打印。这次打印的样件有两个，一个是蜂窝结构，另一个是CASC（中国航天科技集团有限公司的缩写）标志。这是我国首次进行太空3D打印试验，也是国际上第一次在太空中开展连续纤维增强复合材料的3D打印试验。

空间3D打印有其独特的优势。一方面，空间的高真空环境为3D打印过程提供了一个独特的制造环境，可避免地面制造过程中氧化、气孔夹杂缺陷等对零件性能的影响。另一方面，太空的微重力、高真空环境以及缺少对流和昼夜温差大的热环境，会对3D打印工艺特性和3D打印零件的性能带来相关的影响，其机理、影响规律以及控制措施还需要进一步深入研究。

根据应用环境的不同，空间3D打印主要包括以下几个方面：①空间站内3D打印；②在轨原位3D打印；③月球现场3D打印。空间站是微重力环境，在空间站应用3D打印技术需要注意，微重力环境下液体和固体粉末难以在敞口的容器中存放，粉末处于悬浮状态的问题。目前，空间站主要以太阳能电池板供电，能源十分宝贵，而大功率激光器和电子束枪耗能较大，还需要进一步研究空间3D打印的能源问题。事实上，太空中有丰富的太阳能资源，应考虑如何利用太阳能作为能量源进行3D打印。月球表面是接近真空的环境，其重力加速度仅为地球的1/6。月球现场3D打印需要考虑真空环境下液态物质极易汽化，液态黏结剂能否发挥作用，喷射沉积过程加速度过小等问题。月球现场3D打印的一个重要目标是建立月球基地，而月球基地的3D打印需要研究月壤材料、月球环境以及3D打印装备等问题。

图 8-5　太空 3D 打印零件

尽管实现空间3D打印刚刚开始，但该技术具有以下重要作用：

1）实现空间原位修复。设备或部件在太空损坏后不必运回地球，可现场直接进行再制造修复。

2）实现空间原位制造。在太空中打印空间站工作人员必需的物品、食物等，满足其用品和食品的个性化需求。

3）实现空间原位资源的利用。利用月壤进行现场3D打印，省去了地球向太空运输物资，也便于建立太空空间站和月球基地。

4）原位制造地面难以制造或发射的部件。

5）在太空中打印材料和设备，运回地球供人类使用，实现地球资源和环境的可持续发展。

8.8　彩色 3D 打印

传统3D打印技术的色彩表现能力相对较弱，打印出来的多是单一颜色的模型，要变成彩色模型通常需要后期上色处理。随着时代需求的变化和3D打印技术的发展，彩色3D打印技术逐渐受到关注，已成为增材制造领域一个重要的发展趋势。2005年，Z Corporation公司基于3DP技术，推出了世界第一台高精度彩色3D打印机Spectrum Z510。3DP技术打印的彩色模型如图8-6所示。此后多家企业推出了各具特色的彩色3D打印技术和设备，彩色3D打印技术比较见表8-6。

图8-6　3DP技术打印的彩色模型

表8-6　彩色3D打印技术比较

技　术	代表机型	材　料	特　点
PolyJet	Stratasys的J850/J835	光敏树脂	分层厚度为14μm，可同时混合7种材料，实现50万种颜色组合。设备价格贵，原材料受限，成形件强度较低。
3DP	3D Systems的ProJet CJP 660Pro	陶瓷粉末、石膏粉末等	分层厚度为0.1mm，成本相对较低
LOM	Mcor的Arke	纸张	100多万种不同颜色，成形精度为0.1mm，价格较低
FDM	深圳七号科技的Color Maker	PLA+CMYK墨盒	结合FDM技术和喷墨技术，成形精度为0.1mm，价格低
MJF	HP Jet Fusion380/580	粉末材料	打印速度快，精度高，零件质量好，材料种类有限，价格较高

彩色3D打印的应用很多，图8-7所示为一些彩色3D打印模型实例。彩色3D打印的应用领域包括：

1）工业产品的原型设计。原型设计主要用来完成外观和结构的验证，彩色模型的出现能够使原型更加真实，并可进一步提高验证的效果。

2）医疗行业的术前模型和教学模型。医学模型加入彩色后，可以更加逼真地显示各种组织，如病患部位、血管、神经等细节，模型更加真实。

3）教育和文创行业。利用彩色3D打印技术可以提升教学质量和助力科学研究，文创行业对全彩 3D 打印有很多的需求。

4）日用品行业。彩色 3D 打印的产品色彩艳丽，能够更好地满足人们日常生活的需求，从而扩大消费的领域，提升消费的档次，推动 3D 打印技术在消费领域的推广使用。

a) 彩色头盔

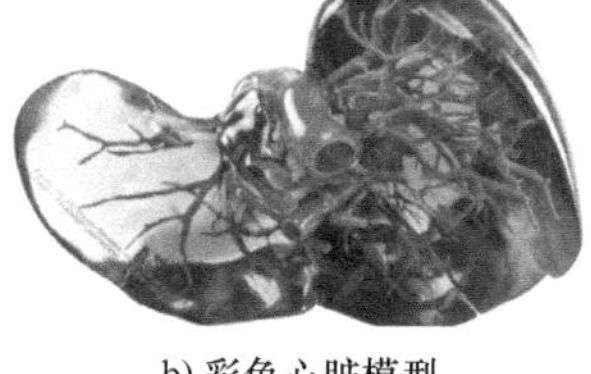

b) 彩色心脏模型

c) 彩色眼镜

图 8-7　彩色 3D 打印模型

8.9　增减材复合制造

由于金属 3D 打印的零件表面质量相对较低，难以直接形成符合要求的零件配合表面，往往还需要进行后续的机械加工。3D 打印可获得复杂的空间结构和管路、腔体，但难以对这些管路和腔体的内部进行机械加工。因此，增材制造与减材制造之间需要优势互补。近年来，增减材复合制造技术日益引起了企业界和学术界的关注，相继出现了若干种技术，如德国 DMG Mori 等公司开发了基于五轴激光堆焊的增减材复合制造技术，日本 Matsuura、Sodick 等公司开发了基于选区激光熔化的增减材复合制造技术，美国 Optomec 等公司开发基于激光近净成形的增减材复合制造技术。此外，还有基于熔丝工艺的增减材复合制造技术。目前，国内外机床生产企业已经推出了一些增减材复合制造设备，见表 8-7。

表 8-7　一些增减材复合制造设备

国家	公　　司	设备型号	复合方式
德国	DMG Mori	Lasertec 65 3D hybrid	五轴铣削 + 五轴激光堆焊
		Lasertec 125 3D hybrid	五轴铣削 + 五轴激光堆焊
		Lasertec 4300 3D hybrid	六轴车铣 + 五轴激光堆焊
	ELB	millGrind	Ambit 激光堆焊 + 铣削、磨削
	Hamuel	HYBRID HSTM1000	激光熔覆 + 铣削加工
		HYBRID HSTM 1500	激光熔覆 + 铣削加工
	Hermle	MPA 40	金属热喷射工艺 + 铣削加工

（续）

国家	公　　司	设 备 型 号	复 合 方 式
日本	Mazak	INTEGREX I-400 AM	五轴车铣 + 定向能量沉积
	Matsuura	LUMEX Avance-25	选区激光熔化 + 铣削加工
		LUMEX Avance-60	选区激光熔化 + 铣削加工
	Sodick	OPM250L	选区激光熔化 + 铣削加工
		OPM350L	选区激光熔化 + 铣削加工
美国	Optomec	Optomec LENS 860	激光近净成形 + 铣削加工
中国	北京机电院机床有限公司	XKR40-Hybrid	五轴加工中心 + 丝材激光熔覆
	大连三垒机器股份有限公司	SVW80C-3D	五轴加工中心 + 金属喷粉激光熔融
	青海华鼎装备制造有限公司	XF1200-3D	五轴加工中心 + 金属喷粉激光熔融

我国目前对增减材复合制造技术和装备很重视，工业和信息化部在 2019 年 9 月 20 日发布的《高性能难熔难加工合金大型复杂构件增材制造（3D 打印）“一条龙”应用计划》中指出：

1）开发激光/电弧/等离子熔丝系类大型增减材一体化装备技术攻关和成套装备，解决大型零件成形精度、内部缺陷、应力组织在线调控等技术难题，为实现高性能铝合金、钛合金、高温难加工合金等大型复杂构件的制造提供成套装备。

2）开展五轴联动送粉式增减材一体化成套装备技术攻关，集成气氛保护和冷却气体循环系统、增减材复合制造专用数控系统、激光成形熔覆头等，完成五轴联动增减材复合制造设备开发和测试，提高制件成形精度和效率，为实现高性能钛合金、高温难加工合金等高性能难加工大型复杂构件的制造提供成套装备。

由此可以预见，在未来几年，我国的增减材一体化成套技术和装备将迎来快速的发展。

参考文献

[1] Markforged. Metal X System [EB/OL]. [2020-8-2]. https://markforged.com/metal-x.

[2] Desktop Metal. From rapid prototyping to mass production [EB/OL]. [2020-8-2]. https://www.desktopmetal.com.

[3] HP. HP Metal Jet [EB/OL]. [2020-8-2]. https://www8.hp.com/us/en/printers/3d-printers/products/metal-jet.html.

[4] 纪宏超，张雪静，裴未迟，等. 陶瓷 3D 打印技术及材料研究进展 [J]. 材料工程，2018，46（7）：19-28.

[5] 史玉升，闫春泽，周燕，等. 3D 打印材料：下册 [M]. 武汉：华中科技大学出版社，2019.
[6] 郭璐. 陶瓷 3D 打印技术及材料的研究现状 [J]. 陶瓷学报，2020，41 (1)：22-28.
[7] 黄淼俊，伍海东，黄容基，等. 陶瓷增材制造（3D 打印）技术研究进展 [J]. 现代技术陶瓷，2017，38 (4)：248-266.
[8] 李亚运，司云晖，熊信柏，等. 陶瓷 3D 打印技术的研究与进展 [J]. 硅酸盐学报，2017，45 (6)：793-805.
[9] 李梦倩，王成成，包玉衡，等. 3D 打印复合材料的研究进展 [J]. 高分子通报，2016 (10)：41-46.
[10] 田小永，刘腾飞，杨春成，等. 高性能纤维增强树脂基复合材料 3D 打印及其应用探索 [J]. 航空制造技术，2016 (15)：26-31.
[11] 薛芳，韩潇，孙东华. 3D 打印技术在航天复合材料制造中的应用 [J]. 航天返回与遥感，2015 (2)：77-82.
[12] 许婧，邢悦，郝思嘉，等. 石墨烯/聚合物基复合材料 3D 打印成形研究进展 [J]. 材料工程，2018，46 (7)：1-11.
[13] 鲁浩，李楠，王海波，等. 碳纳米管复合材料的 3D 打印技术研究进展 [J]. 材料工程，2019，47 (11)：19-31.
[14] 刘亚威. 连续纤维增材制造技术或将颠覆航空复合材料结构生产模式 [J]. 航空科学技术，2019，30 (8)：77-78.
[15] COMPTON B G, LEWIS J A. 3D-printing of lightweight cellular composites [J]. Advanced Materials, 2015, 26 (34): 5930-5935.
[16] GRIFFINI G , INVERNIZZI M , LEVI M , et al. 3D-printable CFR polymer composites with dual-cure sequential IPNs [J]. Polymer, 2016, 91: 174-179.
[17] YAN C, ZHU W, SHI Y, et al. Method for manufacturing composite product from chopped fiber reinforced thermosetting resin by 3D printing: US20170266882 [P]. 2017-09-21.
[18] LEI D, YANG Y, LIU Z, et al. A general strategy of 3D printing thermosets for diverse applications [J]. Materials Horizons, 2019, 6: 394-404.
[19] 明越科，段玉岗，王奔，等. 高性能纤维增强树脂基复合材料 3D 打印 [J]. 航空制造技术，2019，62 (4)：34-38.
[20] 殷健. 3D 打印技术在航天复合材料制造中的应用 [J]. 航天标准化，2018 (3)：23-26.
[21] 贺永，傅建中，高庆. 生物 3D 打印：从医疗辅具制造到细胞打印 [M]. 武汉：华中科技大学出版社，2019.
[22] 李君涛，陈周煜. 可降解生物医用材料研究现状与展望 [J]. 新材料产业，2016 (1)：42-45.
[23] GRIGORYAN B, PAULSEN S J, CORBETT D C, et al. Multivascular networks and functional intravascular topologies within biocompatible hydrogels [J]. Science, 2019, 364

(6439): 458-464.

[24] ZHANG B, LI S, HINGORANI H, et al. Highly stretchable hydrogels for UV curing based high-resolution multimaterial 3D printing [J]. Journal of Materials Chemistry, 2018, 6 (20): 3246-3253.

[25] KOFFLER J, ZHU W, QU X, et al. Biomimetic 3D-printed scaffolds for spinal cord injury repair [J]. Nature Medicine, 2019, 25 (2): 263-269.

[26] GU Z, FU J, LIN H, et al. Development of 3D bioprinting: From printing methods to biomedical applications [J/OL]. Asian Journal of Pharmaceutical Sciences, Published online, http://doi.org/10.1016/j.ajps.2019.11.003.

[27] HEINRICH M A, LIU W J, JIMENEZ A, et al. 3D bioprinting: From benches to translational applications [J]. Small, 2019, 15 (23): 1805510.

[28] 赵雨. 细胞3D打印技术概述 [J]. 新材料产业, 2019 (2): 17-20.

[29] 贺永, 高庆, 刘安, 等. 生物3D打印——从形似到神似 [J]. 浙江大学学报 (工学版), 2019, 53 (03): 6-18.

[30] SUN W , STARLY B , DALY A C , et al. The bioprinting roadmap [J]. Biofabrication, 2020, 12 (2): 022002.

[31] TIBBITS S. 4D printing: Multi-material shape change [J]. Architectural Design, 2014, 84 (1): 116-121.

[32] GE Q, DUNN C K, QI H J, et al. Active origami by 4D printing [J]. Smart Material Structures, 2014, 23 (9): 094007.

[33] 卢海洲, 罗炫, 陈涛, 等. 4D打印技术的研究进展 [J]. 航空材料学报, 2019, 39 (2): 1-9.

[34] GUO L, YAN Z, GE W, et al. Origami and 4D printing of elastomer-derived ceramic structures [J]. Science Advances, 2018, 4 (8): eaat0641.

[35] 李涤尘, 刘佳煜, 王延杰, 等. 4D打印-智能材料的增材制造技术 [J]. 机电工程技术, 2014 (5): 1-9.

[36] KUANG X, ROACH D J, WU J T, et al. Advances in 4D printing: Materials and applications [J]. Advanced Functional Materials, 2019, 29 (2): 1805290.

[37] 魏洪秋, 万雪, 刘彦菊, 等. 4D打印形状记忆聚合物材料的研究现状与应用前景 [J]. 中国科学 (技术科学), 2018, 48 (1): 2-16.

[38] 陈花玲, 罗斌, 朱子才, 等. 4D打印: 智能材料与结构增材制造技术的研究进展 [J]. 西安交通大学学报, 2018, 52 (2): 1-12.

[39] ZHANG Z, DEMIR K G , GU G X . Developments in 4D-printing: a review on current smart materials, technologies, and applications [J]. International Journal of Smart & Nano Materials, 2019, 10 (3): 205-224.

[40] 刘灏, 何慧, 贾云超, 等. 4D打印技术的研究进展 [J]. 高分子材料科学与工程, 2019, 35 (7): 175-181.

[41] 兰红波，李涤尘，卢秉恒．微纳尺度 3D 打印［J］．中国科学：技术科学，2015，45（9）：919-940.

[42] 陈冬，王亚宁，刘亚雄，等．双投影光固化成形方法研究［J］．西安交通大学学报，2017，51（2）：149-154.

[43] 齐乐华，罗俊．基于均匀金属微滴喷射的3D 打印技术［M］．北京：国防工业出版社，2018.

[44] 罗志伟，赵小双，罗莹莹，等．微滴喷射技术的研究现状及应用［J］．重庆理工大学学报（自然科学版），2015（29）：27-32.

[45] 杨建军，张志远，兰红波，等．基于 EHD 微尺度 3D 打印喷射机理与规律研究［J］．农业机械学报，2016（6）：401-407.

[46] CHEN W，THORNLEY L，COE H G，et al．Direct metal writing：Controlling the rheology through microstructure［J］．Applied Physics Letters，2017，110（9）：094104.

[47] 田小永，李涤尘，卢秉恒．空间 3D 打印技术现状与前景［J］．载人航天，2016，22（4）：471-476.

[48] 李峰．3D 打印技术解决未来空间运输问题的方案设想［J］．战术导弹技术，2013（6）：5-9.

[49] 魏帅帅，宋波，陈华雄，等．月球表面 3D 打印技术畅想［J］．精密成形工程，2019（3）：76-87.

[50] 招润焯，丁东红，王凯，等．金属增减材混合制造研究进展［J］．电焊机，2019，47（7）：66-77.

[51] 洪月蓉．增减材复合数控机床［J］．内燃机与配件，2017（13）：27-28.

[52] 董一巍，赵奇，李晓琳．增减材复合加工的关键技术与发展［J］．金属加工（冷加工），2016（13）：7-12.

[53] 马立杰，樊红丽，卢继平，等．基于增减材制造的复合加工技术研究［J］．装备制造技术，2014（7）：57-62.

[54] 卢振洋，田宏宇，陈树君，等．电弧增减材复合制造精度控制研究进展［J］．金属学报，2020，56（1）：83-98.

[55] 张曙．增材制造和切削混合加工机床［J］．机械制造与自动化，2015（6）：1-7.

附录

3D 打印技术相关术语

中文名称	英文名称	缩写
三维印刷	three-dimensional printing	3DP
原子扩散增材制造	atomic diffusion additive manufacturing	ADAM
结合金属沉积	bound metal deposition	BMD
计算轴向光刻	computed axial lithography	CAL
基于复合材料的增材制造	composite-based additive manufacturing	CBAM
连续数字光制造	continuous digital light manufacturing	CDLM
连续纤维 3D 打印	continuous fiber 3D printing	CF3D
连续纤维增材制造	continuous fibre additive manufacturing	CFAM
复合纤维共挤	composite fiber co-extrusion	CFC
连续纤维制造	continuous filament fabrication	CFF
连续纤维加工	continuous fiber manufacturing	CFM
彩色喷射打印	color jet printing	CJP
连续液态界面制造	continuous liquid interface production	CLIP
定向能量沉积	directed energy deposition	DED
直接激光沉积	direct laser deposition	DLD
直接激光制造	direct laser fabrication	DLF
数字光处理	digital light processing	DLP
数字光合成	digital light synthesis	DLS
直接金属沉积	direct metal deposition	DMD
直接金属激光烧结	direct metal laser sintering	DMLS
数字光子制造	digital photonic manufacturing	DPM
电子束熔丝沉积成形	electron beam freeform fabrication	EBF

（续）

中文名称	英文名称	缩写
电子束熔化	electron beam melting	EBM
快速陶瓷成形	fast ceramics production	FCP
陶瓷熔融沉积成形	fused depositon of ceramics	FDC
熔融沉积成形	fused deposition modeling	FDM
熔丝制造	fused filament fabrication	FFF
飞秒投影双光子光刻	femtosecond projection two-photon lithography	FP-TPL
摩擦搅拌增材制造	friction stir additive manufacturing	FSAM
大面积快速打印	high-area rapid printing	HARP
液晶显示技术	liquid crystal display	LCD
光固化陶瓷制造	lithography-based ceramic manufacturing	LCM
激光近净成形	laser engineered net shaping	LENS
激光金属沉积	laser metal deposition	LMD
叠层实体制造	laminated object manufacturing	LOM
激光粉末沉积	laser powder deposition	LPD
激光快速成形	laser rapid forming	LRF
激光立体成形	laser solid forming	LSF
润滑油子层光固化	lubricant sublayer photocuring	LSPc
激光熔丝增材制造	laser wire additive manufacturing	LWAM
多射流熔融	multi jet fusion	MJF
多喷嘴打印	multi-jet printing	MJP
多材料多喷嘴 3D 打印	multimaterial multinozzle 3D printing	MM3D
纳米颗粒喷射	nano particle jetting	NPJ
粉末床熔融	powder bed fusion	PBF
粉末熔融挤出成形	powder melt extrusion molding	P-MEM
聚合物喷射	polymer jetting	PolyJet
面投影微立体光刻	projection microstereolithography	PμSL
选择性沉积层压	selective deposition lamination	SDL
立体光固化成形	stereo lithography apparatus	SLA
选择性分层复合材料实体制造	selective lamination composite object manufacturing	SLCOM
选区 LED 基熔化	selective LED-based melting	SLEDM
选区激光熔化	selective laser melting	SLM

（续）

中文名称	英文名称	缩写
选区激光微烧结	selective laser micro sintering	SLMS
选区激光烧结	selective laser sintering	SLS
单通道喷射	single pass jetting	SPJ
双光子聚合	two-photon polymerization	TPP
超声波增材制造	ultrasonic additive manufacturing	UAM
超声波固结	ultrasonic consolidation	UC
单向剥离技术	uni-directional peel	UDP
电弧增材制造技术	wire arc additive manufacture	WAAM